前 沿 科 技 视 点 丛 书

汤书昆 主编

激光科技

王梓 明海 编著

SP▮ 南方出版传媒

全国优秀出版社　全国百佳图书出版单位　广东教育出版社

· 广州 ·

图书在版编目（CIP）数据

激光科技 / 王梓，明海编著 . —— 广州：广东教育
出版社，2021.8

（前沿科技视点丛书 / 汤书昆主编）

ISBN 978-7-5548-4075-7

Ⅰ.①激… Ⅱ.①王… ②明… Ⅲ.①激光技术—青
少年读物 Ⅳ.①TN24-49

中国版本图书馆CIP数据核字（2021）第107628号

项目统筹：李朝明
项目策划：李杰静 李敏怡
责任编辑：陈洁辉
责任技编：佟长缨
装帧设计：邓君豪

激光科技
JIGUANG KEJI

广 东 教 育 出 版 社 出 版 发 行
（广州市环市东路472号12-15楼）
邮政编码：510075
网址：http://www.gjs.cn
广东新华发行集团股份有限公司经销
广州市一丰印刷有限公司印刷
（广州市增城区新塘镇民营西一路5号）
毫米 × 毫米 32开本 4印张 80 000字
2021年8月第1版 2021年8月第1次印刷
ISBN 978-7-5548-4075-7
定价：29.80元

质量监督电话：020-87613102 邮箱：gjs-quality@nfcb.com.cn
购书咨询电话：020-87615809

丛书编委会名单

前　言

　　自2020年起，教育部在北京大学、中国人民大学、清华大学等36所高校开展基础学科招生改革试点（简称"强基计划"）。强基计划主要选拔培养有志于服务国家重大战略需求且综合素质优秀或基础学科拔尖的学生，聚焦高端芯片与软件、智能科技、新材料、先进制造和国家安全等关键领域以及国家人才紧缺的人文社会学科领域。这是新时代国家实施选人育人的一项重要举措。

　　由于当前中学科学教育知识的系统性和连贯性不足，教科书的内容很少也难以展现科学技术的最新发展，致使中学生对所学知识将来有何用途，应在哪些方面继续深造发展感到茫然。为此，中国科普作家协会科普教育专业委员会和安徽省科普作家协会联袂，邀请生命科学、量子科学等基础科学，激光科技、纳米科技、人工智能、太阳电池、现代通信等技术科学，以及深海探测、探月工程等高技术领域的一线科学家或工程师，编创"前沿科技视点丛书"，以浅显的语言介绍前沿科技的最新发展，让中学生对前沿科技的基本理论、发展概貌及应用情况有一个大致了解，以强化学生参与强基计划的原动力，为我国后备人才的选拔、培养夯实基础。

本丛书的创作，我们力求小切入、大格局，兼顾基础性、科学性、学科性、趣味性和应用性，系统阐释基本理论及其应用前景，选取重要的知识点，不拘泥于知识本体，尽可能植入有趣的人物和事件情节等，以揭示其中蕴藏的科学方法、科学思想和科学精神，重在引导学生了解、熟悉学科或领域的基本情况，引导学生进行职业生涯规划等。本丛书也适合对科学技术发展感兴趣的广大读者阅读。

本丛书的出版得到了国内外一些专家和广东教育出版社的大力支持，在此一并致谢。

中国科普作家协会科普教育专业委员会

安徽省科普作家协会

2021年8月

目　录

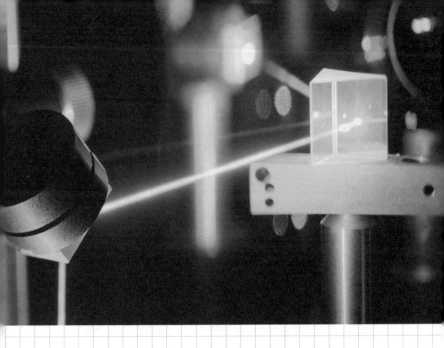

第一章　激光的诞生与发展

　　光是大自然恩赐人类的礼物。但是充满智慧的人类并不仅仅满足于大自然的恩赐，依然孜孜不倦地创造出各种各样的光源。从人类钻木取火开始，到现今已有成千上万种人造光源，而且光源技术仍在突飞猛进地发展着。20世纪60年代，激光的诞生像一颗璀璨的明星出现，使古老的光学焕发出青春活力，照亮了人类发展的漫漫前路。

1.1
"激光之父"汤斯

汤斯（H. Towens）出生于1915年，16岁进入大学攻读物理学，24岁那年获得物理学博士学位。1964年，汤斯因为发明激光器获得诺贝尔物理学奖。

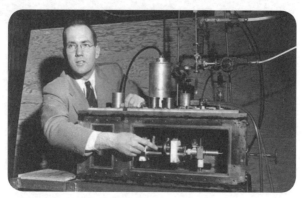

◆ "激光之父"汤斯

汤斯本科就读于福尔曼大学，尽管这不是一所享有盛誉的大学，但他还是非常认真刻苦地学习。1935年，汤斯从福尔曼大学毕业后，希望继续求学，但他申请的几所著名大学都没有给他提供任何奖学金或研究职位。在当时还不太为人所知的杜克大学获得硕士学位之后，他向几所著名大学提交读博申请，但都被拒绝。当他感到沮丧时，他作出了一个重要的决定，在没有助学金的情况下去了加州理工学院读博，这个正确的决定让他在良好的学术氛围中获得了一生受用的教导，取得出色的成绩。正如他在自传中所说："在某种意义上，去加州理工学院对我来说是一个失败——我无法从我偏爱的几所研究生院校获得资助。但是这个失败使我永远受益，是幸运的失败，因为它迫使我直接寻求自己真正想要的东西。"

20世纪40年代后期，在哥伦比亚大学工作的汤斯接受了开发厘米级和毫米级发射波长的电磁波振荡器的任务。由于短波电磁波在生产和军事上有许多重要的应用，汤斯的研究项目也受到了军方的关注。美国海军研究局成立了由科学家和工程师组成的委员会来协助研究。在研究之初，汤斯在制造过程中遇到了难题，因为当时制造发射高频电磁波的振荡器需要使用非常小的金属盒作为谐振腔，这在制造和加工上难度很大。为了解决这个问题，汤斯需要另辟蹊径。

1951年的一个早晨，汤斯坐在华盛顿市一个公园的长凳上，等待餐厅开门。这时，他突然想到：如果用分子，而不是电子电路，不就可以得到波长足够小的无线电波了吗？分子具有各种形式的振动，有些分子的振动正好与微波波段范围的辐射相同。就氨分子而言，在适当的条件下，它们每秒振动240亿次，因此可以发射波长为1.25 cm的微波。使用分子产生微波似乎是可行的，接下来的问题是如何将分子振动转换成辐射。汤斯想到了爱因斯坦提出的受激辐射。他设想通过热或电的方法，把能量泵入氨分子中，使它们处于"激发"状态，然后再设法使这些受激的分子处于与氨分子具有相同固有频率的微波束中。一个单独的氨分子就会受到这一微波束的作用，以相同波长的束波形式释放出能量，这一能量继而作用于另一氨分子，使它也释放出能量，最后就会产生一个很强的微波束。他在公园的长凳上思考着这一切，并把一些要点记录到信封的反面。

汤斯的想法得到了同事们的积极支持。在哥伦比亚大学研究微波光谱学时，汤斯研究了氨分子，所以他选择用氨分子制造第一个分子振荡器。经过大约两年的努力，在1954年春天，世界上第一个分子振荡器终于诞生了，得到的电磁波的辐射波长为1.25 cm，辐射功率只有10^{-9} W。这种新电磁波振荡器的出现轰动了全世界，该电磁辐射具有优良的特性，振动频率很稳定。尽管实验条件或外部环境条件在变化，电磁辐射输出的频率变化却很小。利用这个特性可以制造时钟，只要计算振动次数就能知道准确的时间，并且这种时钟的精度远高于以往所有的机械时钟，约30万年仅误差1秒！

氨分子振荡器的成功开发和广泛应用引起了极大的反响，尤其是引起了军事部门的兴趣。尽管许多人对微波激光的研究着迷，但汤斯已经把目标定向更短的波长。

长期从事军事研究的汤斯敏锐地意识到，缩短波长意味着提高测量目标的精确度和分辨率，并增加传输的信息量。1958年，美国物理学家肖洛和汤斯在《物理评论快报》共同发表了重要论文《红外与光激射器》。在该文中，他们详细地讨论了红外和可见光激光器的工作原理、工作条件和结构。同时，他们还列出了此类激光器在科研、工业生产、通信、军事等领域的应用前景。激光广阔的发展前景引起了科学家的极大兴趣，也引起了工业界和军事界的关注，他们积极支持这个领域的研究。许多科学家将注意力转向激光研究，激光技术发展的序幕拉开了。

许多年后，当汤斯谈到自己过去的成功时，他认为其中很大的一个原因是他没有拘泥于惯性思维。他曾被热力学的思路所引导，热力学认为分子不会释放出高强度的微波。后来他意识到他错了，因为分子不必遵循热力学定律。许多人都曾质疑汤斯，包括著名的物理学家波尔。因为根据不确定性原理，分子在空腔中振荡的时间很短，在如此短的时间内，不能够精确地测量分子的频率，即不能获得单纯的频率。汤斯说，当有人质疑你时，你必须仔细考虑你是否真的是对的。如果你非常确定你是对的，他们是错的，那非常好。汤斯相信自己是对的。汤斯正是因为不受自己和他人思想的束缚，不迷信权威，才取得了成功。

1.2
梅曼摘取激光器发明桂冠

梅曼（T. H. Maiman）出生于美国洛杉矶，他的父亲是一名电子工程师。十几岁时，梅曼靠帮助大学修理电子设备赚取收入。他后来被科罗拉多大学博尔德分校录取，并获得了工程物理学学位。1951年，他获得了斯坦福大学电子工程硕士学位并在四年后继续攻读至博士学位。在诺贝尔奖获得者威利斯·兰姆的指导下，他的博士论文专注于实验物理学方向，研究微波光学尺度下氦原子光谱的精细结构。在博士学习期间，梅曼帮助导师兰姆建立实验室，并帮助他指导其他研究生，展现了杰出的才能，这使兰姆竭力想留住梅曼，并希望他拿到学位后能留在斯坦福大学。但是梅曼厌倦了长期在地下实验室工作，拿到学位后，他乘游轮去玩了个痛快，然后准备到工业界找一份工作。

1956年毕业后，梅曼应邀在休斯飞机公司的一个研究所工作，研究红宝石微波放大器。他首先负责一个军事项目，要"缩小"2.5 t重的红宝石微波放大器，以便将其作为远程雷达的前置放大器放在飞机上。他很快将2.5 t重的红宝石微波放大器"瘦身"到11.34 kg。梅曼最感兴趣的是更具挑战性的激光器。1958年，美国物理学家肖洛和汤斯在《物理评论快报》上联合发表了一篇关于激光的重要论文。然而，在实际建造激光器时仍有许多困难，人们对激光器的性质和功能仍没有清晰的了解。所以肖洛和汤斯没有在此基础上继续他们的研究和实验，这给了梅曼一个成功的机会。在梅曼开始制造他的红宝石激光器之前，一些人断言红宝石不是制造激光器的好材料，肖洛也支持这一观点，这使得许多人停止了用红宝石制造激光器的尝试。然而，梅曼不这么认为。为此，他花了一年时间研究红宝石的性质，最后发现上述论断所依据的基础是错误的，红宝石是制造激光器的好材料。之后，他开始着手建造世界上第一台激光器。

由于他在红宝石方面的经验，经过一番选择，他选择掺钕的红宝石晶体作为工作物质，脉冲氙灯作为光泵。1960年7月，梅曼在加利福尼亚的休斯空军实验室进行了第一次人造激光实验。当按钮被按下时，第一束人造激光就产生了。虽然这束红色激光只持续了三亿分之一秒，但它标志着人类文明史上一个新时代的到来。这是世界上第一台波长为0.6943 μm的红宝石激光器。他将直径为1 cm、长度为2 cm的红宝石两端镀上银膜，在一端开了一个小孔用于激光输出，将红宝石晶体放入螺旋闪光灯中，并将它们放入一个高反射镜筒中，产生了相干脉冲激光束，这一结果震惊了全世界。这是人类历史上第一次获得激光，因此，梅曼成为世界上第一位将激光引入实用领域的科学家。然而梅曼发表相关研究文章的过程并不顺利。一开始，他将论文提交给《物理评论快报》，但当时的编辑拒绝发表，因为他认为这只是另一篇关于微波激射器重复工作的文章。经过多次挫折，梅曼终于在《自然》杂志上发表了这篇文章。

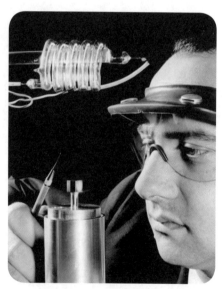

◆梅曼和他的激光器

梅曼的成功令所有人感到惊讶。一些科学家最初不相信他超过了美国东海岸的其他科学家，因为后者获得了研发人造激光器所需的大部分资金和设备。

　　梅曼使用一直被人们认为不是制作激光介质好材料的红宝石制造出了世界上第一台红宝石激光器。"这就像是在比赛冲刺期间突然从外面闯入一匹黑马。"美国物理历史学家沃尔特说，"他们甚至不知道他也参加了比赛。"梅曼的成功在于，他从一开始就采用了与其他科学家不同的策略，瞄准发展一种发射脉冲而不是持续放大光束的激光器，这样他就可以使用更基本的设备。他的装置看起来小而简单：带有镀银末端的笔形红宝石，被安放在盘成螺旋形的闪光灯内。正是这种善于简化难题和另辟蹊径的能力，使得梅曼巧妙地获得了成功。

1.3
王之江和我国第一台激光器

世界上第一台激光器问世后不久，中国科学院长春光学精密机械研究所的王之江就在《科学通讯》上发表文章，阐述激光问世的科学意义及其发展前景，这也是我国有关激光的第一篇论文。紧接着，仅用10个月的时间，结构上更为创新的中国第一台激光器，就在王之江的团队中诞生了。

1930年王之江生于江苏常州。1948年高中毕业后，王之江考入无锡江南大学。在那里学习了一年后，他发现自己对化学不太感兴趣。第二年，王之江到大连大学应用物理系学习。当年，他成为中国现代光学工程重要学术奠基人王大珩创办的大连大学应用物理系第一批学生。这些学生后来大多成为新中国第一批光科学研究骨干专家。

在大连大学，王之江逐步确立了自己的治学立场。有一次，担任助教的何泽庆老师在上辅导课时，给每个学生都发一张白纸，让大家写出自己读书和学习的方法。何老师解释说："工欲善其事，必先利其器，这是做学问成功的不二法门。"王之江深受启发，在以后的学习和工作中，做到"学，然后知不足"，不断改进、更新学习和工作的方法。

王之江说："最高明的老师就是让你学会方法。"他至今认为何老师的独立思考态度影响其一生。

由于当时国内科技水平较低，缺乏与国外的交流和联系，研究人员在研制我国第一台激光器的过程中遇到了许多困难。脉冲氙灯是激光的泵浦源，然而，当时国内还没有氙灯生产厂家，所以研究人员只能从脉冲氙灯的设计入手。氙灯的结构、材料和工艺都很特殊。在脉冲氙灯的设计和制造过程中，研究人员经历了创业者的艰辛，发挥了他们的智慧。当时，中国没有硬质玻璃，研究小组到上海购买大量硬质玻璃板，打碎后重新烧结，以代替实验所需的硬质玻璃。

在制造脉冲氙灯时，还存在氙气供应问题。当时国内对氙气没有需求，所以既没有生产也没有进口氙气。为了找到氙气，采购员找了半年，才在一家灯泡厂的仓库里找到了新中国成立前剩下的几瓶氙气，氙灯的制造才得以顺利开展。

当时，中国的科学家愿意吃苦，他们的想法很简单：无论如何，必须做出成果。他们也没想到会有太多的困难，每个人都很乐观，即使失败也不气馁，接着重新开始。那时，他们对自己的工作非常有热情，几乎每晚都工作到11点。

1961年7月，当激光器首次运行时，研究人员看到了荧光现象。但是当他们想确定实验装置是否真的输出激光时，遇到了一些困难。他们后来这样描述：虽然我们不是世界上的第一次尝试，但我们可以参考的除了一两篇激光原理文章外，只有一两篇新闻报道。基于我们自己的实验技术，要把想法变成现实并不容易。当时，对光受激发射的振荡阈值的实验认识还不清楚。没有人知道荧光强度曲线产生什么变化才是临界振荡的标志。即使荧光已经出现，它仍然是令人怀疑的。

直到1961年9月，激光输出才真正实现。中国科学家利用激光的单色性、相干性和定向性对激光的输出进行了测试，证明激光器输出激光。在我国科研条件落后的情况下，第一台自主研发的红宝石激光器的出现比国外晚了一年，但它在许多方面都有自己的特点，特别是在激发方式上，其激发效率比国外激光器要高，表明我国激光技术已达到世界先进水平。

当时，国外常用的氙灯是螺旋形的。梅曼最初就选择了一种螺旋氙灯作为泵浦源，其他研究小组也进行效仿。领导研发中国第一台红宝石激光器的王之江有着较丰富的光学设计经验。在设计脉冲氙灯时，他没有采用当时流行的螺旋形，而是将氙灯设计成直管。他说："使用螺旋氙灯的目的是确保光线照射到宝石上。事实上，光源发出的光很少会照射到宝石

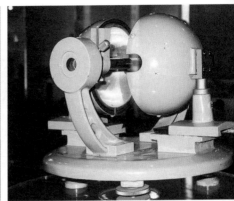

◆王之江和中国第一台红宝石激光器

上，灯的有用尺寸不能超过宝石棒。因此，国外使用的螺旋氙灯实际上是半废品。"王之江非常清楚什么样的结构可以保证光的能量输出最大并集中在红宝石器件上。螺旋状的玻璃管灯光能量分散更严重，能量不集中。此外，不采用螺旋氙灯还有一个重要原因：螺旋管灯需要高电压和高电容，我国那时候的设备还达不到这样的要求。因此，王之江研究小组进一步改进结构，采用直管状氙灯设计，并得到了全世界的认可，后来用直管氙灯泵浦的固态激光器成为发展的主流。

此外，中国第一台红宝石激光器是世界上首次使用球形照明系统。对于球形照明器，当激活介质和氙灯具有相同的直径时，激发效率最高。当时，在照明方式上，梅曼使用了椭圆漫射照明器。在他之后，这种照明方式在国外很受欢迎。我国科学家相信成像照明系统比漫射照明系统更有效。对于不太长的宝石和灯具，球形照明系统比椭圆形照明系统效率更高。对于当时国外流行的多灯多椭圆柱照明方法，我国科学家认为当激活介质的直径与灯的直径相同时，采用多种光学成像方法来提高光源的亮度比采用光源重叠的方法更为有效。因此，我国首次采用球形照明器，实验证实该设计的激发效率高于梅曼的方法。之后，为了便于加工，球形照明器逐渐发展成为圆柱形照明器。

激光器是集先进光学技术、电子技术和精密机械技术于一体的高新技术成果。中国科学家能在短时间内赶上世界先进水平，这在中国近代科学技术史上是罕见的。虽然受到美国学者的启发，但中国年轻学者并不迷信国外的权威，而是充分发挥他们自身的创造力。在激光结构设计上，王之江没有简单地模仿梅曼的设计形式，而是认真分析了当时世界上各种流行设计的优缺点，摒弃了氙灯的螺旋式结构，采用了直管氙灯，摒弃了椭圆柱和多灯照明的结构模式，设计了球形照明器。这些独特的设计充分体现了中国青年学者的创新精神。

中国第一台红宝石激光器的诞生，很快引起了国家有关部门的重视，对我国激光产业的发展产生了积极影响。1962年，国家制定了《1963—1972年科学技术发展规划纲要》（简称《规划纲要》），其中出现了新诞生的激光课题。《规划纲要》指出："特别是光受激发射及其应用发展很快，预计在定位、探测、追踪，以及武器方面的应用，将有广阔的前景。"《规划纲要》中明确提出"光受激发射为重点课题"。正是国家有关部门的充分重视，使中国的激光研究早期发展非常迅速，为中国激光技术的发展奠定了坚实的基础。

1.4
国际光日和激光对人类的贡献

　　自梅曼成功发明激光器以来，激光的波长从X射线延伸到远红外波段，其功率及可靠程度不断地提高，体积不断地微型化。60多年来，以激光器为基础的激光技术广泛应用到工农业生产、能源动力、通信及信息处理、医疗卫生、军事、文化、艺术以及科学技术研究等各个领域，极大地推动了社会的进步，改变了人们的生活。激光技术成为继核能、电脑、半导体之后的又一伟大发明，而与激光有关的诺贝尔奖超过20项。激光在通信、医疗等领域的应用彻底改变了社会，是科学应用的典范。为了纪念1960年5月16日由美国物理学家梅曼制造的第一台红宝石激光器，联合国教科文组织执行委员会将每年的5月16日定为国际光日。国际光日不仅仅是激光科学方面的纪念日，也是为了强调光对社会产生的广泛影响，向大众普及光学应用的重要意义。

　　在1960年第一台激光器问世后不久，激光在军事应用上的发展潜力就被发现了。美国国防部率先制定了研制激光反导弹计划。激光反导弹是一种战略激光武器，它对敌方导弹的破坏主要包括激光致盲和激光破坏。激光致盲是利用激光击中导引头的光电探测器，使其暂时"失明"，导致弹道导弹无法追踪目标并偏航，从而失去杀伤力。激光破坏是利用强大的激光直接摧毁敌方目标，以实现对敌方装备的永久性破坏。激光不仅可以反导，还可以制导。激光制导是让导弹长出"眼睛"，这样它们就可以锁定并精确地打击目标。在战略激光武器领域，中国开始研究的时间也不晚。"640工程"早在20世纪60年代就已开始实施，其中包括使用高能激光武器摧毁来袭的弹道导弹。目前，俄罗斯的理论研究处于世界领先地位，美国和以色列在激光武器应用方面处于领先地位。中国激光武器领域的权威专家掌握了五项核心技术：激光材料技术、激光辐射材料的物理机制和成像图谱技术、激光成像技术、一次性快速跟踪和定位控制技术以及高密度能量可逆转换载体材料技术。大功率激光武器技术是未来的研究方向。目前，利用光纤激光器相干组束技术和半导体激光器多波长组束技术，均使得激光器的功率水平达到了千瓦量级。激光武器在未来战争中的地位不言而喻，是世界各国兵家必争技术。

早在1961年激光就被应用于眼科的治疗，从此开始了激光在医学临床的应用。激光矫正视力应该是目前激光在医疗上最成功也最为人所知的应用之一。

高能量的激光能将角膜组织分子内的化学键分离，使组织气化起到切削作用，进而改变角膜弧度，除去屈光不正度数。

利用光敏药物对肿瘤细胞及正常组织细胞有不同的亲和性，从而使光敏药物的光生化反应选择性地在肿瘤组织内进行，起到杀死肿瘤细胞的作用。这种光动力疗法已经用于肺癌、食道癌、宫颈癌、膀胱癌及皮肤癌等的治疗。利用高功率激光开展外科手术，可以达到无痛、无血、精准的手术效果，提高外科手术质量。

激光照射人体组织产生的反射光、透射光、散射光、荧光等会携带组织本身的信息，可以实现快速、高效、准确的病理诊断。1981年，世界卫生组织将激光医学列为医学的一门新学科。激光将在医学领域持续为人类作出贡献！

中国著名物理学家王淦昌于1964年提出激光核聚变的设想，这在当时处于世界各国的前列。激光核聚变是以高功率激光作为驱动器的惯性约束核聚变。1986年，中国激光核聚变实验装置"神光"研制成功。2018年，合肥科学岛等离子体物理研究所，有"人造小太阳"之称的全超导非圆截面托卡马克核聚变实验装置（EAST）实现了1亿度等离子体运行，解决了未来聚变堆稳态先进运行模式的多个关键性的技术难题，取得国际核聚变的重大突破。研究激光核聚变有着重要意义。随着石油、煤炭等化石燃料资源的枯竭，人类对替代能源的需求越来越迫切。通过激光核聚变，人类可以利用激光来控制核聚变反应，使核聚变能够根据人类的需要释放相应的能量，从而获得可控的核聚变能量，使人类完全摆脱能源短缺的问题。据专家预测，到21世纪中叶，世界上将可能有大量激光核聚变设施联网，实现核聚变发电工业化。届时，人类能够以最理想的方式解决能源需求。因此，激光核聚变的产业化将引发一场能源革命，其意义不亚于人类发现并使用火。

在航空航天发展史上，激光的作用也不容小觑。早在1969年，美国科学家用激光射向"阿波罗11号"放在月球表面的反射器，第一次精准地测得了地月距离。在我国的探月工程中，"嫦娥四号"探测器发射前，需要利用激光来获得月球的三维地图。激光三维成像敏感器会得到一张精度很高的月球地貌图，识别出一个平坦的安全着陆区，为"嫦娥四号"探测器着陆做准备。"嫦娥四号"探测器着陆过程中，激光测距敏感器开始工作，每秒发射两次激光，以此获取精度在0.2 m的距月高度，从而保证"嫦娥四号"探测器平稳降落。

1974年，第一台发射激光的条形码扫描器研制成功，从此零售业的高效时代到来。商场里用的条纹码扫描器，是用激光照射在条形码上，黑色部分会吸收激光，白色部分会反射激光，反射的激光被条形码调制、收集后可以通过译码得到想要的信息。1978年，飞利浦制造出第一台激光盘播放器。使用激光在光盘上刻录的存储方式已经得到普及，新一代光盘存储使用短波长的蓝光，大大提高存储容量。利用激光做光源生产的激光电视已经在商场里亮相，由于激光的单色性好，激光电视显示的画面色彩鲜艳，并且亮度高、寿命长，将在未来的电视市场中占据一席之地。

激光通信、传感及信息处理技术正将人类带入智能激光的时代，助推智慧城市、智慧家庭的到来。以激光技术为核心的光纤通信技术让世界发生了天翻地覆的变化。1988年，北美和欧洲间架设了第一根光纤，用激光脉冲来传输数据。此后，全世界掀起了一场光纤通信的革命，建立了信息高速公路。从此，比人的头发还要细的光纤取代了体积庞大的千百万条铜线，成为传输容量巨大的信息传输管道，彻底改变了人类的通信模式。2009年，华裔科学家高锟获得诺贝尔物理学奖，以表彰他在光导纤维应用于通信上作出的开创性贡献。从理论上讲，一根仅有头发丝粗细的光纤可以同时传输100亿个话路。一根光纤的传输容量如此巨大，而一根光缆中有几十甚至上千根光纤。由于激光优良的单色性，可以使用很多不同波长的激光光束在同一光纤中传播，极大地提高光纤传输系统的传输容量，这种技术被称为波分复用技术。激光和光纤成就了如今的互联网世界，使人们足不出户而尽晓天下事。

此外，我国科学家正在研究的量子通信技术正是使用激光进行量子密钥分发。量子通信技术是绝对安全的通信方式，而我国在该领域的研究处于国际领先水平。

激光也成为发展现代化工农业的一项高新技术，并取得显著效果。1987年，准分子激光开始用于集成电路的光刻，推动了大规模集成电路的发展。如今，激光智能制造加工技术已经被应用于多个新工艺领域，如激光切割、激光打标、激光打孔、激光焊接、激光表面热处理、激光快速成型、激光清洗、激光冗余修正、激光退火、激光光刻与存储等。激光加工技术的出现是对传统的加工工艺和加工方法具有重大影响的技术变革，激光加工技术被广泛应用于汽车、电子电器、航空、冶金、机械制造等国民经济重要行业。世界将步入"光制造"时代，激光技术将推动世界工业、制造业向智能化、自动化方向发展。激光在农业领域也得到广泛应用，在诱变育种、增强种子活力、促进生长发育、提高产量和品质、平地整地、提高节水灌溉能力、防治病虫害等方面发挥着越来越重要的作用。

利用激光照射材料粉末使其烧结熔化，再快速凝固成型，可以实现激光3D（三维）打印。通过计算机控制激光烧结位置实现图形打印，然后逐层烧结堆积实现3D打印。激光3D打印对材料的利用率高，可以实现复杂结构的直接打印生产。由于激光方向性好、光斑小，可以实现高精度的激光3D打印，这是一种全新的智能激光加工技术。

激光最早在2012年就开始用于3D打印人体器官。当时，美国俄亥俄州一名男孩的气管有先天性缺陷，他出生六周后呼吸困难。由于通向心肺的主动脉错位，气管被压缩，他几乎每天都会呼吸暂停。密歇根大学公共医疗中心的研究人员设计了一个儿童气管支架的计算机模型，利用热塑性生物可吸收材料和激光烧结技术制造了一个气管支架，成功地将其植入男孩的喉咙，帮助他正常呼吸。这是国际医疗史上首次成功移植3D打印人体器官。

社会与科技的发展离不开光学。在数千年文明发展中，人类一边探索光的本质，一边应用光改造世界。光学也因此成为自然科学中历史最悠久的学科之一。未来，光学的发展将为人类文明作出更大的贡献，在新时代中散发出更耀眼的光芒！

第二章　激光的奇异特性

　　激光为人类作出了巨大的贡献，全因它具有不同于普通光源的奇异特性。激光的方向性好、亮度高、单色性好，是一般光源无法比拟的。激光所拥有的优越特性，是科学家们智慧的结晶。

2.1
激光奇异特性的由来

　　把一块石头扔进平静的湖中时，水面会产生一圈圈涟漪。这是最直观的波——水波。当一根弦被拨动时，它会在空气中发出听得见的声音，这是声波。广播电台和电视台的天线会发出一种我们看不见也听不见的波，这是电和磁交替变化的电磁波。现代科学理论证明，光也是一种电磁波。但是，可见光的波长很短，小于1μm，而且频率很高，每秒振荡$10^{13} \sim 10^{15}$次，所以人们感觉不到它的波动。

　　光不仅具有波的特性，同时也具有粒子特性。光的最小能量单位是光子。光在传播过程中表现出波动性，而在与物质作用时表现出粒子性，这就是光的波粒二象性。

　　光是由原子和分子产生出来的。原子的结构就像我们的太阳系：原子核相当于太阳，电子像行星一样绕着原子核在自己的轨道上移动。当电子在靠近原子核的轨道上运动时，它们拥有的能量较小；当电子在远离原子核的轨道上运动时，它们拥有的能量较大。如果轨道上的电子被激发到一个较远的轨道，然后让它回到原来的轨道，它就会释放光子，这就是发光。当处于激发态的高能原子返回到低能态时，它们以光的形式释放能量。

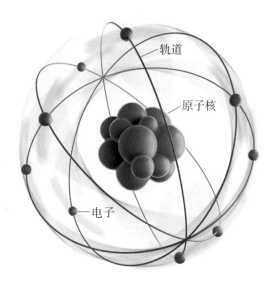

◆原子结构图

　　早在1917年，爱因斯坦就对物质的发光机制进行了深入的研究。在研究原子系统与辐射场相互作用的微观过程时，他提出了受激辐射的概念。受激辐射是发明激光的理论基础。

　　爱因斯坦受激辐射理论的基本内容是，假设某微观粒子有两个分立能级，高能级能量为E_2，低能级能量为E_1，能级上的粒子数密度分别为N_2和N_1。考虑到粒子与电磁场相互作用时，爱因斯坦指出，存在三种类型能级跃迁：

（1）自发辐射。在不受外界电磁场作用下，处于高能级上粒子自发地跃迁到低能级上，并发射能量为 $h\nu=E_2-E_1$ 的光子（h 为普朗克常数）。

（2）受激吸收。如果频率为 $\nu=\dfrac{E_2-E_1}{h}$ 的电磁波，与处在低能级上的粒子相互作用，则粒子可吸收入射电磁波而跃迁到高能级上。

（3）受激辐射。如果频率为 ν 的电磁波，与处于高能级上的粒子相互作用，粒子将从高能级上跃迁到低能级上，并发射出一个与入射电磁波频率相同的光子。受激发光子与入射电磁波具有相同的频率、相位、偏振和传播方向，它们是相干的。

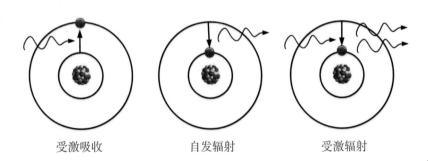

受激吸收　　　　　　自发辐射　　　　　　受激辐射

◆受激吸收、自发辐射、受激辐射原理

爱因斯坦还指出，受激辐射和受激吸收同时存在，跃迁概率相等。根据玻尔兹曼分布律，在热平衡条件下，低能级粒子数 N_1 大于高能级粒子数 N_2。此时，受激吸收总是大于受激辐射，因此通常只能观察到受激吸收现象，而不能观察到受激辐射现象。

普通的光源发光通常是原子的自发行为，属于自发辐射，例如太阳光、灯光和烛光等。这些光产生时原子内部的能量变化是无序的，光的颜色也各不相同。这种自发的光就像广场上的人群，彼此分开，互不相关。而激光是一种有组织的发光，即受激辐射。原子和分子在一定的激发方式下产生受激辐射，就像士兵听到命令立即排成一条整齐的队伍一样，每个人都按照一定的顺序、间距和速度，沿着一条直线向前走。激光的"有组织"，突出地表现在每个原子发射的光的频率非常一致，即波长相同，并且方向高度集中。

要让原子听从指挥，有组织地发射激光，需要三个要素：第一是产生激光的物质，称为工作物质；第二是能源，称为激发源，用于实现粒子数的反转；第三是激光谐振腔，由两个光学反射镜组成。

如果将激光比作光子的合唱，则挑选工作物质就是挑选合唱队的队员。激光工作物质必须能够产生大量相同频率的光子，才能使激光颜色纯净、光强高。人们发现的第一种激光工作物质是红宝石。红宝石是

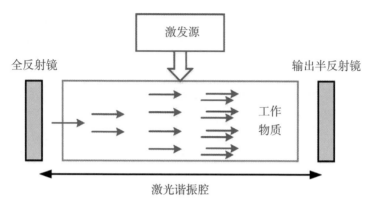

全反射镜 激发源 输出半反射镜

工作物质

激光谐振腔

◆激光器原理

一种由氧化铝和氧化铬组成的晶体，也被称为"人造宝石"，能吸收蓝光和绿光。在自然光照明下，红宝石吸收蓝、绿光，使红光穿透或反射，因此呈红色。科学家注意到，红宝石的原子能级结构相对简单，其中铬离子在能量变化时可以发射暗红色的光子群，这符合做激光工作物质的基本条件。激光工作物质通常有两个基本要求：一是材料的光学性质均匀，透明度高，物理和化学性能稳定；二是存在寿命较长的能级，物理学上称为亚稳态，这有利于实现能级粒子数反转。

激发源用来将工作物质中的原子激发到同一高能量状态。在热平衡条件下，处于低能级上的粒子数 N_1 多于高能级上的粒子数 N_2，这时受激吸收总是大于受激辐射，就看不到激光。要使发光物质以受激辐射为主，就得使物质中的原子实现粒子数反转，把大量的低能量原子抽调到高能量状态。这就好比假山上的瀑布，所有的水滴都从同一高度落下，激起了飞溅的水花。而要持续不断地形成瀑布，必须用一个水泵持续地将水从低处泵到高处，这个水泵就是激发源。激发源持续不断地将低能量状态的原子激发到高能量状态，高能量原子在受到一个外来光子激发后，会释放两个完全相同的光子，并回到低能量状态，这就是原子受激辐射的过程。这两个光子会继续激发其他的高能量原子，释放出更多相同的光子，形成"雪崩效应"，就如同瀑布一般，汇集成强大的水流冲击下来。

形成激光的另一个要素是谐振腔。谐振腔由放置在工作物质两端的两个反射镜组成（也有由多个反射镜组成的谐振腔），两个反射镜的光轴与工作物质的轴线重合。其中一个反射镜的反射率达到100%，另一个反射镜具有部分透射率，使得工作物质产生的激光从这一面输出。激光谐振腔与微波激射器谐振腔不同，它是由两个反射镜组成的开放式谐振腔，是激光器研制过程中的一个突破。这种开放式谐振腔的作用之一是让光辐射产生振荡。工作物质发出的光辐射在两个反射镜之间来回传播，发生受激辐射，光子的数量不断增加，进而又加剧受激辐射跃迁，产生更多的光子。这个过程反复进行，最后出现振荡现象，形成激光输出。开放式谐振腔的作用之二是限制模式数量，提高受激辐射的单色性和相干性。在开放式谐振腔中，只有那些沿着工作物质的轴线传播的光子才能在两个反射镜之间来回传播，沿其他方向传播的光子很快就会从谐振腔中跑出去，失去形成模式的机会。这样就保证了激光器发生振荡的模式只有一个或少数几个了。

在十亿分之一秒的时间内，光子可以在一根10 cm长的红宝石棒中来回跑三趟，一个光子可以迅速"激"起一大群光子。这第一个光子好比发令枪发出的信号，其他光子应声而起。激光谐振腔的作用是不让轴线上不断壮大的光子群逃逸出去，把它们在一个方向上"组织"起来。正因为激光是这样被组织起来的，所以它具有方向集中、亮度高、单色性好等特性。

2.2
方向性最好的光

1969年7月20日，美国宇航员阿姆斯特朗和奥尔德林乘坐"阿波罗11号"宇宙飞船首次成功登上了月球。这是人类历史性的一刻！然而早在1962年，激光就已经先于人类一步登上月球。科学家将红宝石激光束射向月球，让激光从地球到达月球，再从月球上返回地球，这个过程只花了2.6 s！那么，为什么激光可以照射到距离地球$3.84×10^8$ m远的月球上呢？

太阳、蜡烛和电灯等普通光源发出的光是向四面八方发散的。手电筒、探照灯发出的光虽然能朝着一个方向，但是距离一长，光束还是会发散开来，这对于照明是很有必要的。但如果想要把光集中到某一点，那么绝大多数能量就会被浪费掉，效率很低。

激光却不同，它是大量原子由于受激辐射所产生的发光行为。激光光束能集中在一个方向上形成平行光，并且几乎不衰减。这是因为在谐振腔的反射作用下，被反射的光束和谐振腔方向相同，并且只有这种光束才会被放大，从而在激光器中产生激光。

激光在传播过程中始终像一条笔直的细线，发散角极小。

光源的方向性，即光束的指向性，通常以发散角的大小来评价，发散角越小，光束越集中，方向性越好。若发散角趋近于零，就可将光束近似地视作平行光。激光光束方向集中，发散角很小，几乎是沿着平行方向发射的，所以也被称为"平行光"。事实上，世界上是不存在几何意义上的平行光的。探照灯的光柱看似是一束平行光，但其实它是圆锥形的，只不过锥角非常小，肉眼很难觉察。月球距离地球约 $3.84×10^8$ m，即使探照灯的光束是很细、很尖的圆锥，经过如此长距离的投射，其圆锥底面也会扩展成一个直径约 $4×10^7$ m 的圆。虽然探照灯的灯光强度不小，但它被分散到如此大的面积，每单位面积的光能微乎其微。因此，用探照灯照射月球，光在途中就基本损耗完，自然是有去无回了。即使是微波雷达，其发射的单一波长的微波远比探照灯的灯光集中，也要发散在月球表面100 km左右的区域内。而激光光束的发散角极小，借助光学发射系统，发散角可以小到几乎为零，光束近似为平行光。因此，光导发射系统的红宝石激光系统，能够使在数千千米外接收到的光斑仅有一个茶杯口大小，即使照射到月球表面，光斑的直径也不过2 km左右。正因如此，人类利用激光才首次实现了地球到月球的精确测距。目前，月球激光测距技术仅被世界上少数国家所掌握。2018年1月22日晚，中科院云南天文台在月球激光测距技术研究方面取得重大突破。如图所示，研究团队利用1.2 m望远镜激光测距系统，多次成功探测到"阿波罗15号"月面反射器返回的激光脉冲信号，在国内首次成功实现月球激光测距。

激光的发散角小，方向性好，对实际应用有着重要意义。

20世纪60年代，人们利用激光的高方向性在军事上发展了一项新技术——激光制导。所谓激光制导，是利用激光跟踪、测量和传输手段，控制和引导武器精确到达目标，进行精确打击的先进技术。激光制导具有比其他制导方法更高的精度。激光制导精度一般在1 m以内，命中率很高。激光制导武器主要包括激光制导导弹、激光制导炸弹和激光制导炮弹。它们的抗电磁干扰能力非常强，这些武器的激光就像"眼睛"一样，指哪打哪，百发百中。目前，已经出现激光半主动制导和激光驾束制导的空对地、地对空导弹以及激光制导航空炸弹。激光驾束和激光半主动制导已应用在反坦克导弹技术中。

利用激光的高亮度和优良的方向性，人们制作了激光测距仪。激光测距原理与声波测距原理相似。由于光速是已知的，因此只要测量从激光发射至接收到物体反射回来的激光之间的时间间隔即可。激光优良的方向性保证了激光测距的高精度。

在建筑、机械、造船、隧道等工程技术中，通常需要一条基准线或基准面。原来的拉丝方法是把钢丝拉直作为基准线。该方法简单直观，但准直距离短，精度不高。随着工程技术的发展，人们对准直距离和准直精度的要求越来越高。在水利、铁路和公路建设过程中，经常需要开挖长距离隧道。此时，激光可以作为"导向"，工人沿激光照射方向施工，隧道就会打得又准又直。应用相似原理，激光准直仪也是利用激光方向性好的特点制作而成的，采用激光准直仪可使长为2.5 km的隧道掘进偏差不超过16 nm。由于激光准直仪的突出优点，它被广泛应用于机械、造船、航空、建筑、矿山、隧道等行业。

2.3
比太阳光亮100亿倍的光

在漫长的人类发展过程中，为了生产、生活的需要，人类制造了成千上万的光源，不同光源的明亮程度也各不相同。光源的明亮程度就是光的亮度。在照明方面，人们总喜欢亮度高的光源。电灯比蜡烛亮，氙灯比电灯亮。那么，激光为什么拥有如此高的亮度呢？

一般来说，影响光源亮度的因素有三个，即发光面积、发光时间和光束发散度。当光源的能量固定时，很容易理解光源的发光面积越小，光源的亮度越高。因为光源将其能量集中在一小块区域并发射出去，看起来自然更亮。同样，当光源发出的能量固定时，如果它的光向各个方向散射，光的能量就被分散开了。如果它集中朝某一方向发光，光的能量就会集中。显然，光的发散程度越小，光源的亮度就越高。这是激光具有如此高亮度的一个重要原因。

激光器输出的激光集中在一个方向，几乎是一束平行光。而太阳光和我们平时看见的各种电灯的光是朝四面八方发散的。

激光器发出的激光只向一个方向发射，光的所有辐射能量都集中在一个小角度内（光束的发散角通常只有几分），从而大大提高了光源的亮度。假设激光束的发散角为3分，那么激光的亮度就比具有相同发光功率的普通光源的亮度高500万倍！

同时，当光源的能量固定时，如果发光时间越短，光源的亮度就越高。因为它把能量集中在很短的时间内爆发出来，亮度自然会很高。喜欢摄影的朋友都知道，当我们在照相馆拍照时，摄影室里通常有几盏大功率白炽灯。然而，如果我们用自己的相机在室内拍照，只需要配上一个小闪光灯。虽然闪光灯的总发光能量比白炽灯小得多，但闪光灯的发光时间比白炽灯短得多。因此，当闪光灯闪光的一刹那，其亮度不低于白炽灯。

经过对影响光源亮度的三个因素进行分析，不难得出：当一个光源发光的总能量固定时，光源发光时间越短，发光面积越小，光束发散程度越小，光源发光的亮度就越高。目前光脉冲最短可以达到几飞秒（1飞秒为10^{-15}秒），激光的能量可以在极短的时间内爆发出来。而且，激光的能量往往集中在一条极细的光束中，几乎无发散。正是由于激光的这些特征，使得它拥有极高的亮度。

在激光出现之前，长弧氙灯的亮度已经相当于太阳光的亮度。高压脉冲氙灯是人造光源中亮度最高的，亮度是太阳光的10倍。但是和激光相比，这些根本算不了什么！功率只有1 mW的氦氖激光器的亮度大约是太阳光的100倍。巨型脉冲固体激光器的亮度大约是太阳表面亮度的10^{10}倍，即100亿倍。激光是光源亮度上的一次惊人飞跃！到目前为止，只有氢弹爆炸瞬间的强烈闪光才能与激光相比。因此，激光被称为"最亮的光"。

2.4
单色性之冠

　　雨后天空的彩虹，色彩缤纷；城市的霓虹灯，璀璨耀眼；演唱会上的舞台灯光，绚丽夺目。光，这个让我们领略到世界是那么明艳动人的神奇存在，为什么会呈现出如此丰富的色彩？激光作为一种人造光源，又带给我们哪些惊喜？

　　16世纪，牛顿发现：太阳光通过玻璃三棱镜之后，呈现出红、橙、黄、绿、蓝、靛、紫七种颜色的彩带，这表明太阳光包含不同颜色的光。牛顿称之为太阳光的"光谱"。

　　一种颜色的光叫作单色光，发射单色光的光源，叫作单色光源。我们都有这样的视觉体验：如果光源的颜色越单纯，看起来就越鲜艳动人。在科学上，人们认为辐射中包含的杂色光越少，光的颜色越单一，单色性就越好。那么，造成光源单色性差异的因素有哪些呢？

　　光是一种电磁波，其颜色取决于波长的大小。不同波长的光所呈现的颜色也各有不同。自然界中各种颜色的光，都有其固定的波长。我们人眼看到的只是颜色上的差异，这种差异代表着不同的光波波长。光是有一定波长范围的。如果一个光源发射的光，波长范围（谱线宽度）越窄，那么它的颜色就越单纯，看起来就越鲜艳，我们就说光源的单色性越好。

普通光源发出的光通常包含着各种波长，是各种颜色光的混合。例如，太阳光就包含红、橙、黄、绿、蓝、靛、紫七种颜色的可见光以及红外线、紫外线等不可见光。普通的光源，由于谱线宽度相对较大，频率范围较宽，显示的颜色比较杂，单色性通常较差。激光的谱线宽度比普通光源窄得多，通常某种激光的波长仅集中在极窄的光谱波段或频率范围内，因此颜色极纯。理想的激光只有一个频率和波长，谱线是一条线。然而，激光的谱线宽度受到许多因素的约束，几乎不可能达到理论值水平。例如，温度的变化、激光器的轻微振动、气体激光器中的气流以及外界泵浦等因素都会导致谐振频率不稳定，从而造成性能降低。2017年7月，德国和美国科学家联合创造出了频率宽度仅0.01 Hz的激光，创下激光单色性的新世界纪录，这是迄今为止离理想单色性最近的激光。

在长期的生产实验中，人类已经创造出了很多单色光源。在我们常见的普通光源中，霓虹灯、氢灯、氦灯都是单色光源。这些单色光源的波长范围，不超过1 Å（1 Å=10^{-10} m）。在激光出现以前，最好的单色光源是用气体氪-86做发光材料制成的灯。这种灯在低温下发出的光波长范围约0.005 Å，室温下的谱线宽度约为0.0095 Å，因此颜色很鲜艳。激光的出现是光单色性的巨大飞跃。这一崭新的光源摘取了单色性的桂冠。例如，单色性好的氦氖激光，它的波长范围比1 Å的10^{-7}还要小，将氪-86创造的单色性世界纪录提高了10^5倍！因此，激光是世界上颜色最单纯的光。

单色性和方向性越好的光，其相干性也越好。激光是一种相干光，方向集中且单色性好的特点造就了它的高相干性。这也是激光区别于自然光最重要的一点。激光的相干性可以用来制作激光干涉仪。

爱因斯坦的广义相对论是20世纪自然科学领域最辉煌的成就之一。引力波的存在是爱因斯坦广义相对论最重要的预言，引力波的探测也是现代物理学最重要的前沿领域之一。根据激光相干性制成的激光干涉仪可以探测引力波。20世纪90年代，世界范围内开始建造一些大型激光干涉引力波探测器，迅速掀起了一股引力波探测的浪潮。2016年2月11日，激光干涉引力波天文台（LIGO）实验团队宣布直接观测到10多亿年前两个恒星级黑洞合并产生的引力波。这不仅直接验证了爱因斯坦广义相对论的预言，也为我们进一步探索宇宙的起源、形成和演化提供了新的途径。2017年，三位美国科学家雷纳·韦斯、巴里·巴里什和基普·索恩因"对LIGO探测器和引力波观测的决定性贡献"而获得了诺贝尔物理学奖。

在日常生活和工作中，长度测量是非常普遍和重要的。在对测量精度要求很高的情况下，传统的测量工具如刻度尺、游标卡尺、千分尺等不能满足要求。这时，我们可以选择光波的波长作为测量长度的单位。由于光波波长很短，测量精度就很高。这种"光尺"能精确测量的最大长度取决于光的单色性。单色性越好，精准测量的最大长度就越大。因此，激光尺又被称为"最准的尺"。激光因其单色性好也被用来制作"光陀螺"，可用于精确导航，发现飞行方向的微小偏差。激光陀螺是利用环形激光器在惯性空间转动时正反两束光随转动而产生频率差的效应，来测量物体相对于惯性空间的角速度或转角。

激光单色性上的优秀表现给通信领域带来了革命性的改变。传统的微波通信受到带宽的限制，微波信号在空中传送易受到干扰，而且长距离传输高频信号损耗较大。因此，光波通信一直是我们所期望的通信技术。在光通信中，波长或频率范围越小，接收机的信噪比和灵敏度就越高。普通光源发出的光单色性不好。如果用这种光波作为载波，相当于有多套频率的节目同时到达接收机，效果很差。有了单色性好的激光之后，这个困难就克服了。在实际应用中，为了避免光波在大气中传播的损耗，光信号是在光纤中传输的。激光良好的单色性使其在光纤中的传输损耗很小，从而实现远距离传输，且通信容量大、干扰小、保密性好。

此外，激光的高单色性可以最大化还原自然界中真实的颜色。理论上，激光显示可以再现人眼能识别颜色的90%，能够冲击人眼识别上的极限。目前来说，没有任何一种其他的光源在理论上能够达到这种状态。人们利用红、绿、蓝三种颜色的激光作为基色来合成各种十分鲜艳、逼真的色彩，应用于激光大屏幕投影电视。我国著名激光技术专家、中国工程院院士许祖彦先生在新材料论坛上指出，2020—2025年激光显示技术将成为下一代显示市场的主流。

第三章　激光信息技术

在大数据互联网时代，激光早已超越了其传统意义的范畴。激光是智慧信息的承载者，无论是浩如烟海的数量，还是银汉迢迢的距离，都困不住激光通信架海擎天的运载能力。激光是智慧信息的探索者，无论是分寸之末的变化，还是遮天蔽日的体积，都逃不了激光传感通幽洞微的感知能力。激光是智慧信息的勾画者，无论是姹紫嫣红的绚丽，还是跃然纸上的逼真，都难不倒激光显示强大无比的表现能力。激光是智慧信息的守护者，无论是沧海桑田般久远的时间，还是飞沙走石般恶劣的环境，都敌不过激光稳如泰山的存储能力。

3.1
激光通信

　　地球之所以被称为"地球村"，是因为任何新闻事件都在以近乎直播的方式进行传播。古代交流信息不方便，人们就幻想着有千里眼和顺风耳，能看到千里之外的地方和听到很远地方的声音。直到电视、电话的出现，愿望变成了现实，通过电视能看到很远的地方正在发生的事情，通过电话可以听到很远地方的人说话的声音，交流信息变得方便起来。

　　随着互联网和信息技术的迅速发展，全世界人类的生产生活正在经历着翻天覆地的重大变革。互联网已经融入世界的每一个角落，不断给人们的情感理念、价值取向、思维方式、行为习惯等带来深刻的影响。随着5G（第五代移动通信技术）时代的到来，我们将会见证一个智能化、万物互联的世界。5G火车站可以在高峰期精确监控并疏导人流；5G银行没有柜台也不需要客户带身份证，客户只需要"刷脸"就可以办业务；以5G技术为基础的远程医疗将大大缓解就医困难；无人驾驶汽车、智能家居、智慧城市等都将借助5G技术兴起。而这一切正是建立在激光通信这条"高速公路"的基础之上。

从烽火狼烟到量子通信卫星

古代信息的传递往往是通过书信来完成的。然而，在关乎国家存亡的战争时期，书信显然太慢了。还有什么能比"八百里加急"抑或"飞鸽传书"来得更快？那自然是光。最古老的空间光通信，非"烽火狼烟"莫属。边防兵利用烽火台上点燃的烟火，能传信百里，常用于传递紧急军情等重要情报。但是，烽火所能传递的信息是十分有限的。

1876年，美国发明家贝尔发明了电话，之后他就开始思考利用光来通电话的问题。1880年，贝尔用弧光灯作为光源，光束通过透镜聚焦在话筒的薄膜上，由于薄膜随着声音的振动而振动，因此薄膜反射的光束也随着声音的变化而变化。在接收端用一个大型抛物面反射镜，把接收的光束照射在硅光电池上，转换成光电流，再把光电流传送给话筒，从而完成信息的接收。但是弧光灯发出的光频率复杂，振动方向杂乱无章，发散角很大，光在大气中的传输容易受气象条件影响，一旦遇到雨、雾、烟等情况，就会被散射或吸收。这些不利因素极大地限制了空间光通信技术的发展。

1960年第一台激光器问世后，空间光通信发生了翻天覆地的巨变。空间激光通信利用激光束作为载波，借助于卫星等航天器在空间直接进行语音、数据和图像等信息的双向传送。早在2008年，美国和德国的两颗卫星就成功地利用激光终端在太空进行了"飞鸽传书"，并在相距5000 km的宇宙空间实现了光链路数据传输。2017年4月12日，我国利用"长征三号乙"运载火箭在西昌卫星发射中心成功发射了我国第一颗高通量激光通信卫星。该卫星采用了激光通信、电推进等一系列新技术。卫星通信总容量超过20 Gbps，超过了我国以前研制的所有通信卫星的总容量，这标志着我国卫星通信进入高通量时代。

　　未来，空间激光通信有望成为卫星与地面网络之间数据传输的关键技术。在此基础上，补充地面光纤网络，建立包括卫星和大气层在内的立体交叉激光通信网络，将彻底颠覆现有的全球通信系统，形成适应物联网时代信息传输需求的大带宽高速通信网络。

　　随着信息安全重要性的提高，怎样保密通信已成为当今最为紧迫的问题之一。量子通信是一种基于"量子密钥分配"进行信息传输的新型通信方法。使用量子信息作为密钥传输工具，理论上可以实现绝对安全的通信。密钥分配是让通信双方获得同一套密码本，显然这是一项非常危险的任务。如果信使被逮捕或叛变，将造成惨重损失。而量子密钥分配不通过信使，而是使用量子特性，让通信双方直接分享密钥。量子密钥分配的基本过程是，通信方发射一系列单个光子，接收方测量这些光子的状态。结果，双方各自获得一个由随机的0和1组成的序列，从而不用查看对方的数据，就可以保证对方的序列与自己的序列完全相同，该序列就是量子密钥。为了保密，量子密钥分配需要每个脉冲仅包含一个光子。光子是光的最小单位，如果少于一个光子，就没有光。所以对于窃听者来说，虽然拿走光子可以阻挡通信，但无论如何也不能窃密。也许我们会困惑，既然量子力学允许双方共享信息，为什么不直接共享要传输的信息？这是因为量子密钥分配过程只能产生随机数，不能传输一个特定的信息。随机数序列本身不能传输信息，但作为密钥，却特别合适。这是因为使用这样一串随机数字密钥进行加密，密文在数学意义上是绝对不可破解的。因此，在用量子密钥加密明文之后，我们就可以放心地使用任何通信方法来传输密文。

2016年8月16日，由中国科学技术大学牵头研制的世界第一颗量子科学实验卫星"墨子号"在酒泉卫星发射中心成功发射。"墨子号"实现了卫星与地球之间的量子密钥分配，即让卫星与地面站同时获得密钥。在全球量子通信竞争中，虽然我国不是第一个起步，但在中国科学院院士潘建伟等科学家的不懈努力下，我国在量子通信领域实现了"弯道超车"，成为第一个将量子科学实验卫星送入太空的国家。"墨子号"量子卫星开启了人类保密通信的新纪元。

◆潘建伟

改变世界的光纤通信

1966年，华裔物理学家高锟发表了一篇名为《光频率介质纤维表面波导》的论文，开创性地提出在通信中使用光导纤维的基本原理，描述了长程及高信息量光通信所需绝缘性纤维的结构和材料特性。这一设想提出之后，有人觉得匪夷所思，也有人对此大加褒扬。然而，高锟的设想就在不断的争论中逐步变成现实。高锟也因此获得了诺贝尔物理学奖。利用石英玻璃制成的光纤应用越来越广泛，全世界掀起了一场光纤通信的革命。作为20世纪人类社会最伟大的技术成就之一，光纤通信技术是人类迈进信息化时代不可替代的重要基石。如果没有光纤通信技术，可能就没有我们现在便捷的互联网生活。

激光是信息的载体，而传输激光的"高速公路"正是光纤。光纤通信是利用光纤内的"全反射"效应来实现信息的传递。如图所示，光纤由纤芯和包层组成，纤芯的折射率稍大于包层的折射率。光线耦合进光纤纤芯后，在纤芯与包层的交界面上的入射角大于临界角时会发生全反射，反射回来的光线又会在另一侧发生全反射，这样光线在纤芯与包层交界面上不断地发生全反射，从而沿着光纤方向向前传播。

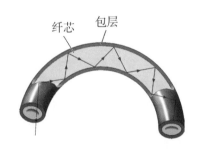

纤芯　　包层

◆光纤结构及光在其中的传播

我们初步了解了光纤传输光线的原理，那么它又是如何传播各种文字、图像和声音信息的呢？原来，文字、图像和声音等信息都可以转化成由"1"和"0"组成的数字信号。"1"和"0"在数字技术里表示电路的"开"和"闭"，而在光电技术里代表的是"有光"和"无光"。首先，人们通过调制器将输入的电子信号转换成光信号，实现对光源器件"有光"和"无光"两种状态的调制，完成电光转换；再通过光端机（向光纤中输入光信号的设备）将这束信号输入光纤中，光纤的另一端接收到光信号后，通过专门的设备（光电检测器）把光信号还原成电子信号；最后由电视机和计算机等设备，将电子信号还原成文字、图像和声音等，从而完成整个传输过程。总的来说，光纤通信就是一个将电信号转化成光信号，再将经过光纤传输后的光信号还原为电信号的过程。

那么光纤通信中为什么非得用激光呢？首先，激光是一种单色光。例如，想发送一个字母A，可以用红光来承载这个信息，那么经过光纤传输后，就可以接收到字母A。如果我们想发送字母A和B，有两种选择：一种是单用红光，等字母A发送完了，再发送字母B；另一种是用红光和绿光同时发送字母A和B。显然，第二种方式无须等待，可以节省大量时间，并且由于同时使用了多种单色光，因此可以同时传输大量信息。普通光源不是单色光，没办法实现大容量的信息传输。其次，激光是一种能量很强的光。光纤的长度通常有好几百千米，光在其内部传输难免会发生损耗，如果光源的能量不够强，光在还没到达目的地之前就会被损耗完，信息也就丢失了。所以，必须用高亮度的激光才能保证信息的远距离传输。

光纤通信因其传输容量大、保密性好、抗干扰能力强等优点，已经成为当今最主要的有线通信方式。然而，随着社会的发展，这种通信方式也不能满足发展的需要。其中的重要原因是在光纤通信系统中存在大量的光电转换和电光转换过程，在这些过程中所用的电子器件在适应高速、大容量的需求上，存在着诸如带宽限制、时钟偏移、严重串话、高功耗等缺点，由此产生了通信网中的"电子瓶颈"现象，从而限制了信息的传播速度。为此，人们提出了"全光通信系统"及"全光网络"的新概念。

所谓全光网络，实质是指上传、下载信号及交换过程均以光波的形式进行，没有任何光电及电光转换，全部过程都在光域范围内完成。由于没有光电转换的障碍，所以无须面对电子器件处理信息速率难以提高的困难。未来传输网络的最终目标，是构建全光网络，完全实现光纤传输代替铜线传输。

3.2
激光传感

信息是现代社会的基石。如何快速、精确地获取信息是十分重要的。激光传感在获取信息方面扮演着重要的角色。借助激光传感，无人驾驶汽车、无人机、物联网、智慧城市等先进技术已悄然出现，有望在不久的将来彻底改变人们的生活方式。

激光雷达

激光雷达是以发射激光束来探测目标的位置、速度等特征量的雷达系统。激光雷达是将激光技术、高速信息处理技术、计算机技术等高新技术相结合的产物；是一种集激光、全球定位系统和惯性导航系统于一身的系统；是一种可以精确、快速获取地面或大气三维空间信息的主动探测技术。相对于以往的传感器只能获取目标的空间平面信息，激光雷达具有极高的角度、距离和速度分辨率。它可以轻松分辨3 km距离外相距30 cm的两个目标。

激光雷达工作的光谱段在红外线到紫外线之间，

激光雷达主要由激光发射机、光学接收机和测控设备组成。激光雷达的工作原理与雷达类似。首先向被测目标发射一束激光，然后测量反射或散射信号到达接收机的时间、信号强弱和频率变化等参数，从而确定被测目标的位置（距离与角度）、形状（大小）与状态（速度、姿态），最终达到探测、识别、跟踪目标的目的。

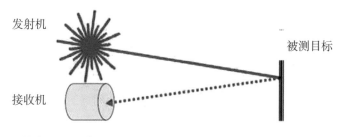

◆激光雷达工作原理

　　激光雷达在无人驾驶汽车、无人机等领域的应用越来越广泛。

　　无人驾驶汽车是通过车载激光雷达系统探测识别道路环境，并自动规划行驶路线，控制车辆抵达预定目的地的智能汽车。激光雷达是怎么帮助汽车识别路口与方向的呢？如前所述，激光雷达可以探测目标的位置。通过高速扫描激光束，可以迅速准确地获取视场中所有物体表面与激光雷达的距离信息，这些距离信息组成点云数据并绘制出3D环境地图，精度可达到厘米级别，再通过计算机系统提取环境地图中的交通信号特征进行准确识别。如此，激光雷达就充当无人驾驶汽车的眼睛了。

2020年的新型冠状病毒肺炎疫情期间，城市里的无人机在喷洒消杀、巡逻疏导、防疫宣传、投递测温等方面发挥了巨大的作用。想要实现上述功能，无人机就必须具备"飞得高、看得远、跑得准"的能力，而这就离不开激光雷达的帮助。无人机利用激光雷达对空间环境进行测绘，可以边飞边建图，同时通过对障碍物的识别，可以实现自动避障的安全飞行。利用无人机可以在很多人力到达不了的区域高效率完成任务，未来将在农业灌溉、林木勘查、建筑运输等更多领域催生大量创新性的应用。

激光窃听器

一谈到窃听，我们就会联想到影视剧中各式各样的电子窃听器。安放这类窃听器是一件风险极高的事情。实际上，在秘密战线上，还有一种利用激光实现远距离窃听的设备——激光窃听器。

激光窃听技术是通过提取由声压导致的窗户玻璃振动来达到窃听的目的。激光发射器将看不见的激光照射到被窃听房间的窗户玻璃上，当有人在房间里说话时，玻璃在室内声波变化的影响下会微微振动，玻璃反射的激光会随着这种振动而变化，从而携带室内声波的振动信息。窃听者采用专用的激光接收机对声音信号进行解调，从而对室内的通话进行监听。这一过程与贝尔的光学电话甚是相似。

激光窃听器之所以能够如此神通广大，正是由于激光具有极高的方向性和单色性。激光在长距离传播后依然可以保持很小的发散角，这样才能够保证有足够的光回到接收端；而普通光源由于发散角太大，导致发出的光在远距离传输后消散殆尽，无法被接收。另外，由于激光的单色性非常好，我们在接收端只需要接收携带有信息的特定波段的光，而不必理会自然光线的影响。对于普通光源来说，其本身就包含着很多波段成分，因此在自然光的影响下，极易受到噪声信息的干扰。

激光窃听器与传统窃听器相比有着独特的优势：无须接近目标，操作简单，检测困难，不易受到干扰。随着窃听和反窃听技术的互相发展和相互遏制，目前已经出现了防止激光窃听的装置。

物联网技术

物联网即万物相连的互联网，是互联网的延伸和扩展。物联网是将各种信息传感设备与互联网结合起来，实现人、机、物在任何时间和任何地点的互联的一个巨大的网络。在智能交通、智能家居、智慧城市等方面，物联网都有巨大的应用前景。物联网技术离不开光纤传感技术。光纤传感是利用外界应变、温度等对光纤中激光的光学参数（如光的强度、波长、频率、相位、偏振态等）的影响，来测量温度、位移、加速度、压力、应变、电场强度、磁场强度、浓度、流速等物理量。

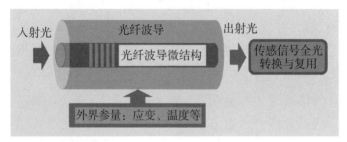

◆光纤传感器原理

随着我国城市化进程的不断加快，越来越多的城市问题也逐渐凸显。人类在能源、水源、交通、环境、卫生、治安等方面的需求日益增长。因此，急需通过智能化、信息化技术进行智慧城市的建设，对"城市病"进行全面治理。物联网技术将加快建设智慧城市的进程。

早在2008年，IBM（国际商业机器公司）就提出"智能地球"的概念，建议将新一代信息技术应用于各个行业，将传感器嵌入电网、交通道路、桥梁、隧道、建筑、大坝、水油气管道、城市基础设施等各种对象中，通过网络连接，形成"物联网"，实现全方位感知。

总之，物联网和光纤传感是相辅相成、相互促进的。光纤传感可以不断汲取光纤通信的新技术和新器件，各种光纤传感器有望在物联网中得到广泛应用。光纤技术在物联网中有着广阔的应用前景，全光物联网有望成为未来物联网的一种新形式。

3.3
激光显示与全息显示

人们对视觉体验的极致追求极大地促进了显示技术的发展进步。回顾现代显示技术的发展历程，从黑白电视机的问世，到等离子电视的昙花一现，再到液晶电视的大放异彩，人们对于美的追求从未停止。未来，拥有极致观感体验的激光显示与全息显示必将占据一席之地。

激光显示

当前的显示技术已经解决了图像显示、颜色以及清晰度等问题，而未来显示技术的发展趋势是高清晰与大色域。激光显示就是利用激光作为光源的显示技术，是继阴极射线显像管（CRT）、等离子电视（PDP）、液晶电视（LCD）之后的第四代显示技术，它将带来显示系统综合性能的革命性提升。

根据颜色的相关理论，人眼所能看到的颜色都包含在一个"马蹄形"曲线的内部，我们称之为色域。

◆与传统电视（左）相比，激光电视（右）具有极其丰富的色彩表现能力

自然界中的每一种颜色都对应于曲线内部的一个坐标点，而且颜色的单色性越好，它的坐标点也就越靠近"马蹄形"曲线边缘。目前，大多显示器采用的是"三基色"的原理，即任何一种颜色都可以通过红、绿、蓝这三种颜色来合成，显示器的色域自然也就是一个三角形。

激光显示之所以被看好，其根源在于激光是一种特殊的光源。与普通的光源比较，激光光谱的带宽极窄，即激光单色性非常好。传统的显示技术如CRT、LCD、PDP等光源的光谱是带状分布的，光谱较宽，所以色彩再现能力差，仅覆盖了人眼可测色域的$\frac{1}{3}$左右。激光光源的发射光谱为窄谱线，输出光谱宽度小于1 nm，颜色纯度接近100%，颜色分辨率很高，色域覆盖率可达90%，颜色饱和度是传统显示器的100倍以上。因此，激光显示器的色域三角形会比传统显

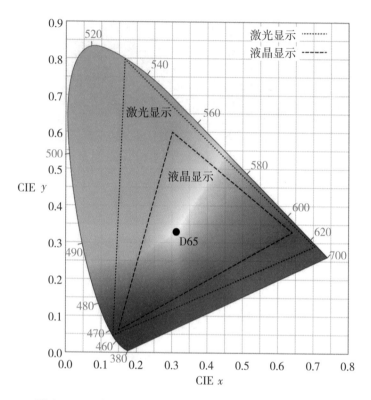

◆激光显示器与液晶电视的色域比较

示器的色域三角形大很多。激光显示器可以带来更为
丰富饱满的色彩表现和更具冲击力的视觉感受，实现
最高保真度全色显示。

　　激光显示还可以实现巨幅画面且灵活可调。由
于受制造工艺的限制，传统显示面板的最大尺寸难
以突破，要想形成更大的播放屏幕，只能将多个

屏幕拼接起来。但是，多个屏幕的拼接会存在接缝，造成画面割裂，从而严重地影响观看质量。激光显示具有投影成像的特性，利用多个激光投影仪的拼接可以实现巨幅尺寸，并且不会产生接缝或割裂。因此，激光显示可广泛应用于电影院和户外大屏等领域。

激光显示在户外大屏显示方面具有得天独厚的优势。户外显示最大的难点在于受到强烈的太阳光或者夜晚灯光的照射时，显示屏如何保持清晰的播放画面。传统的显示器受到峰值功率的制约，想要完成这一目标似乎有些困难。而激光本身就具有极高的能量，可以带来极高的亮度，所以激光显示可以轻松实现这一目标。

激光显示的寿命长且能耗低。激光显示光源的寿命已经达到4万小时以上，是传统超高压汞灯寿命的20倍。激光的光束方向性极强、发散角极小、光能利用率极高，功耗仅为传统显示技术的三分之一。

激光显示相对于传统显示在技术上实现了质的飞跃，它代表着显示技术的未来。自1965年美国德州仪器公司发表单色激光扫描显示研究报告以来，全球激光显示已经走过了50多年。我国的激光显示水平一直与国际保持同步。2002年，以许祖彦院士为核心的研究团队在国内率先实现红、绿、蓝三基色激光的瓦级输出，并合成白光用于首次激光显示试验；

2005年，中国科学院在国内首次成功研制出激光投影显示样机。未来，激光显示还将通过全息技术实现真三维显示，创造高度立体的视觉感受，从而助推真三维显示时代的到来。

全息显示

近年来，国内电影院掀起了3D热潮，这里的D指的就是Dimension，即维度的意思。相对于传统显示器只能显示一个二维的平面图像，三维显示能多显示一个深度维度。观众可以感受到画面的深浅，画面的立体感从而被营造出来。三维显示有很多种实现方式，我们在电影院里面看到的就是借助眼镜来实现的。但是，最令科学家们心驰神往的三维显示应该是全息技术。

1948年，英国科学家丹尼斯·盖伯提出了一种新的成像原理——全息技术。"全息"一词来自希腊语，意思是"完整"。然而，由于当时没有好的相干光源，所以不可能获得好的相干相片。激光的出现使全息技术迅速发展成为一个新的领域，盖伯也因此获得了1971年诺贝尔物理学奖。全息技术是采用激光作为照明光源，并将光源发出的光分为两束，一束经过被摄物体形成漫射式的物光束；另一束作为参考光射向全息底片，与物光束叠加产生干涉，将物光波上各点的相位和振幅转换成空间变化的强度，利用干涉条纹记录物光波的全部信息。经过处理后，记录干涉条纹的底片变成一张全息图。在显示过程中，需要利用光的衍射原理来恢复光波信息。简单地说，全息图就像一个复杂的光栅，在相干激光的照射下，它会恢复原始的物光波，就好像一个真实的物体出现在我们面前一样。全息照片成像的物体形象逼真，立体感强，而且变换不同的角度观察，就会看到物体不同位置的情形。更为神奇的是，即使一张全息照片受到很大的损坏，它仍然可以再现全部景物。

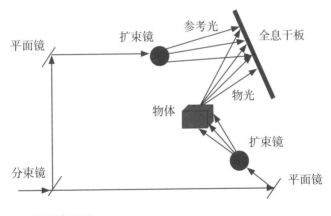

◆全息干涉原理

　　此外，全息技术还可用于信息加密。在全息加密记录过程中，光的波长、记录距离和入射角度等参数可用作加密密钥，将物光波信息加密记录在全息图中。全息解密时，只有用特定波长的激光以特定角度入射，在特定距离上才能将全息图进行解密，清晰地再现原始的全息记录信息。

全息显示不仅能够产生以假乱真的视觉效果，还能够让观众拥有身临其境的切身体验，是一种真三维显示技术。需要强调的是，全息显示技术需要通过全息照片或空间光调制器来再现物光波，并不能凭空制造影像，这也就意味着类似科幻片中的效果是不可能实现的。虽然全息技术已经诞生70多年，但目前世界上还没有能够直接通过空气呈现影像的成熟的全息技术。

美国麻省理工学院的研究生查德·戴恩发明了一种空气投影和交互技术，是目前比较新的技术。这种技术可以在由气流形成的墙壁上投影一个交互式图像，由于分子振动不平衡，可以形成层次感和立体感很强的图像。此外，日本一家科技公司还发明了一种可以用激光束投射三维立体图像的技术。这种技术主要是在空气中不断地进行小型爆破，利用氮气和氧气在空气中散开而混合成的气体会变成灼热的浆状物质，从而在空气中形成一个短暂的3D图像。然而这两种技术中"介质"的问题都非常复杂，无论是气流形成的墙，还是氮气和氧气混合形成的浆状物质，都要付出高昂的成本，短期内只能停留在实验室阶段。

但是我们可以畅想一下，真正的全息技术一旦实现，将会突破传统的硬件约束，把更真实的三维画面呈现给观众，从而打破虚拟世界与现实世界的阻隔，人们可以随时随地体会到真实画面的冲击感。

3.4
激光存储与光计算

大多数人会对历史上的某个事件充满好奇，想弄清事件的来龙去脉。但是古人留给我们的信息有限，往往使我们无从下手。因此，对我们而言，将海量的信息存储下来以供后人参考是一个重大的使命。

激光存储

高密度光盘是近代发展起来不同于完全磁性载体的光学存储介质，是用聚焦的激光束处理记录介质的方法来存储和再生信息，又称"激光光盘"。实际上，信息通常以二进制数据的形式存储。在写入时，数据被编码到光调制器中，以便激光源能够输出不同强度的光束。激光束经光学系统聚焦后照射在介质上，烧蚀出一个个"小凹坑"。因此，介质上被烧蚀和未烧蚀的两种状态就对应于两个不同的二进制数据，从而实现了信息记录。如果想读取这些信息，则可用激光扫描介质，识别出介质上"小凹坑"所代表的二进制信息。

虽然光盘的存储空间与其面积有关，但是通过无限制地扩大光盘尺寸来提高存储空间显然是不合适的。既然光盘的大小改不了，那可以考虑改变"小凹坑"的大小。科学家们发现：激光的波长越短，光路的数值孔径越大，光点的尺寸就越小。同一张光盘"小凹坑"的尺寸变小了，自然可以记录更多的"小凹坑"，也就能记录更多的信息。高密度数字光盘和蓝光光盘正是基于此原理。但是通过缩小光点来提高存储空间也会遇到技术上的"天花板"，因此需要寻找其他存储技术。现有的DVD单片容量为8.5 GB，而全息存储技术理论上可以储存1000 GB以上的数据。

全息存储与全息显示的原理大同小异。首先用激光束照射晶体内部的不透明小晶格，记录成为原始图案。然后再用两束相干激光束（信号光束和参考光束）在晶体中相遇发生干涉，晶体中就会出现多折射角度图样，从而在晶体中形成光栅。一个光栅可以存储一批数据，称为一页。我们把利用全息存储技术制成的存储器称为全息存储器。

全息存储器在存储和读取数据时以页为单位。使用全息存储技术，一个冰糖大小的立方体可以存储高达1TB的数据，相当于100多张光盘的容量。这么高的存储容量是因为一个晶体有许多面，只需要改变激光束的入射角，使得用于记录和读取每幅全息图的信号光和参考光的夹角不同。就像从不同的角度看一个立方体，看到的图像是不同的，但是立方体的体积并没有改变。因此，利用全息图的角度选择性，可以将不同的信息页面叠加在同一空间区域而互不干扰，从而获得更高的存储容量。

光计算

当前的计算机都是通过电子来传递和处理信息的。在实时的地震监测、天气预报和天体计算等领域，"快"显得尤为重要。电子的传播速度为 $5.9×10^5\,m/s$，光子的传播速度为 $3×10^8\,m/s$。因此，即使在最佳的情况下，电子在导线中的运行速度也远远不如光子的运行速度。此外，随着装配密度的不断提高，导体之间的电磁作用不断增强，散发的热量也在逐渐增加，从而制约了电子计算机的运行速度。

光子计算机以光子作为信息载体，光互连代替导线互连，光硬件代替电子硬件，光运算代替电运算，用激光传输信号，由光纤和各种光学元件组成集成光路完成光子的存储、传输和运算。在光子计算机中，不同波长、频率、偏振及相位的光可以代表不同维度的数据。这比电子计算机中仅能通过电子的"0""1"变化来进行一维的二进制运算要更具优势。光子计算机的运算速度呈指数上升。如果使用亿亿次的"天河二号"超级计算机求解一个亿亿亿变量的方程组，所需时间为100年，而使用一台万亿次的光子计算机求解同一个方程组，仅需0.01秒。

光子计算机如此高的计算性能是由光信号传输的并行性决定的。光子计算机有非常理想的光辐射源——激光器。光子不携带电荷，在自由空间中传播的光束，无论是平行传播还是交叉传播，都不会相互干扰。数以千万计的光束可以同时通过一个光学元件而不相互影响，互连密度非常高。自由空间中每平方毫米的光连接线可以达到50 000条。因此，利用光子作为信息处理载体，可以产生计算速度很高的计算机，理论上可以达到每秒1000亿次。

此外，光子计算机的能量消耗小，散发热量低。目前我们的计算机芯片是依靠电力运行。我们在中学学到，沿着导线传播的电信号最终会逐渐衰减直至消失。这种情况也存在于电子计算机中。计算机内部的组件，甚至整个数据中心，都是通过导线连接的，供给电脑的80%电量会损耗在导线上。随着电缆越来越细，信号频率越来越高，不仅数据传输速度会受到限制，而且产生的热量最终会烧坏处理器。光子计算机的驱动能量远小于同一规格电子计算机的驱动能量。由于光子的传输不依赖电线，光子之间也不存在电磁相互作用，这不仅降低了功耗和机器散发的热量，而且为计算机的小型化和便携性提供了可能。

第四章　激光智能制造

　　激光具有亮度高、方向性和单色性好等特点，这使得它很适合用在对材料的加工上。过去几十年，激光设备已经在汽车制造、消费电子等领域获得了广泛的应用。随着"工业4.0"和"中国制造2025"战略的持续推进，传统的制造业正面临着向高端化和智能化发展的升级转型。作为一种无接触加工方式，激光加工具备先天的"智能化"，光束能量及移动速度均可进行调节，对加工对象的质地、形状和加工环境的自由度都很大，与计算机数控等技术相结合可以构成高效率的自动化加工设备，在推进智能制造转型中有着极其重要的地位。

4.1
激光打孔、切割与焊接

激光打孔

在激光出现之前，我们只能通过钻头钻孔，而且通常只能在硬度较低的材料上进行。随着对实体硬度和孔的精度要求的不断提高，传统的加工方法已不能满足某些工艺的要求。激光具有高方向性和高功率密度的特点。用光学元件对激光光斑进行聚焦，可获得最大功率密度为 $1\ kW/cm^2$ 的激光，这种激光照射到材料表面时，材料会迅速汽化蒸发形成一个孔洞。

使用激光进行打孔有着巨大的优势，首先，它是一种无接触的加工方式，与传统机械钻孔相比，激光打孔不需要使用钻头，故不存在钻头损耗的问题。其次，激光加工具有高度的灵活性，通过调节光学元件，可以轻松地获得不同大小的激光光斑，从而加工出不同大小的孔，而传统的机械加工则要通过更换钻头来实现，这十分耗费人力和物力，在实际操作中也不便捷。由于激光的高能量特性，它几乎可以在任何物体上钻孔。激光还可以在难以到达的区域以不同角度钻孔，并且可以在硬质材料上轻松钻出孔径为10 μm以下的小孔。

激光打孔已经广泛应用于钻石的"美化"。天然钻石内部有时会存在一些明显的瑕斑，利用激光产生的高温，可以在钻石中打出一个直径为2～20 μm的小孔，直达瑕斑并对其进行灼烧，从而实现钻石净度等级的提升。激光打孔能进行大批量的加工，且可以通过计算机对每个流程和每项指标进行精确的控制，实现智能制造。目前激光打孔已广泛应用于各智能化加工领域。钟表业是我国最早应用激光技术的行业之一。过去手表宝石轴承上的小孔是用机械钻加工的，加工工艺复杂，噪声大，效率低。一般来说，机械钻孔几十秒内只能加工一颗，而用激光钻孔每秒可加工二十颗，而且产品合格率达到95%以上，是机械钻孔效率的几十倍。

激光切割

一块布要裁成漂亮的衣服，需要一个手艺上佳的裁缝。材料要切割成各种形状的工件，同样需要借助激光"裁剪师"。激光切割的原理与激光打孔类似，都是利用激光能量高的特点。经过聚焦的激光束就像一把"光刀"，可以轻松割开各种高硬度、高熔点的材料。与传统的板材切割方法相比，激光切割十分灵活，通过移动光束，可以实现任意形状的切割。整个切割过程可以借助计算机进行精密控制，因此激光切割可以轻松地实现智能化。激光切割时只有激光光束与加工件发生接触，没有切削力作用于加工件，一方面避免了对加工材料表面的损伤，另一方面不会产生机械切割时所产生的废料，是绿色无污染的。如今，激光切割已经广泛应用于智能制造领域。

目前在汽车制造领域，平台化愈演愈烈，这对生产线的柔性提出了更高的要求。使用三维激光切割，在车型型号改变后，只需改变激光加工的程序，大大缩短了施工周期，与模具相比制造成本大大降低。此外，高强度钢在汽车上的应用也越来越多，这种钢种在热成型后，冲压工艺不再适用，其轮廓和孔的切割推动了对激光切割的需求。在服装行业，借助激光切割可以解决传统切割普遍存在的物料浪费、切口毛糙、加工效率低等问题。

此外，激光切割非常适合处理一些易碎的非金属物料。近年来，光电产业飞速发展，对半导体晶圆的需求也逐年增加。晶圆是制造半导体晶体管或集成电路的衬底。在半导体晶圆领域，往往需要对硅、碳化硅、蓝宝石、玻璃等非金属材料进行切割，但随着晶圆集成度的提高且趋向于轻薄化，传统的加工方式已经不能满足这些工艺要求，激光切割技术的出现推动了相关行业的发展。目前，在晶圆行业中出现了一种新型的激光切割方式，被称为激光隐形切割。与普通的激光切割相比，激光隐形切割使用了短脉冲激光光束。由于短脉冲激光瞬时能量极高，会在材料的中间形成很脆的"改质层"，通过略微施加外力，材料便分成两部分，从而完成切割。目前激光隐形切割技术已经广泛应用于各类芯片晶圆的切割。

激光焊接

激光焊接是激光加工技术应用的重要内容，也是先进智能制造技术之一。激光焊接的基本原理是通过高能量激光将两片材料的焊接部分进行熔化、拼接，冷却后便实现了焊接。在整个焊接过程中，激光焊接无须使用焊料，因此与传统焊接技术相比，激光焊接更加经济、绿色。激光束可以聚焦成很细的光点，因此激光焊接的焊缝细小且平滑。激光还能实现不同金属材料间的焊接，这对传统焊接技术来说是极具挑战性的。通过激光焊接设备与实时在线检测技术的灵活搭配，可以实现深熔焊接、快速焊接等难以实现的焊接工艺形式，实现高度自动化和智能化的大批量生产。

激光焊接已成为汽车智能化生产流水线上的重要技术之一。采用激光焊接可以在汽车制造中用更多的冲压件代替铸造件，用连续激光焊接代替分散点焊

◆汽车激光焊接流水线

接，可以减少一些加强部件和减小搭接宽度与车身结构本身的体积，从而减轻车身的质量，满足节能减排要求。激光焊接还可以提高车体的装配精度，使车体刚度提高30%以上，从而提高车体的安全性。此外，激光焊接还可以降低冲压和装配成本，缩短生产周期，减少零部件数量，提高车身的整体性。

4.2
激光3D打印

近年来，3D打印作为发展智能制造的核心技术，掀起了一波热潮。传统的加工技术通常涉及对一整块材料进行切割、雕刻、打磨，进而获得所需形状的零部件。而3D打印技术的原理则大为不同，它属于增材制造，与普通的文件打印机相似，3D打印机也需要"墨水"和"纸张"，3D打印机中的"墨水"和"纸张"通常是一些粉末状的金属、陶瓷、塑料等材料。进行3D打印时，首先要在计算机上建立模型，再通过计算机控制，将材料层层堆叠，最终获得与模型一致的实物。

3D打印具备很多的技术优势，主要表现在：

（1）3D打印是一种增材制造，因此对材料以及能源的利用率很高，加工时产生的废料、废气也很少，顺应了当前的绿色制造的潮流。

（2）3D打印完全依赖于计算机控制，是一种全数字化制造过程，属于智能制造。

（3）3D打印的技术兼容性好，可以与物联网、大数据、云计算、机器人、智能材料等其他先进技术结合，有望在未来实现个性化制造的智能工厂，为人们打造一个基于3D打印的智能产业生态系统。人们可以通过自己设计或者网上下载现成的3D模型来制作自己想要的零件，由此实现个性化制造。

激光因为具有高功率的优点被广泛应用于3D打印技术领域，与其他的3D打印技术相比，激光3D打印几乎可以使用任意合金、塑料、陶瓷等粉末材料，在智能制造领域具备广阔的应用前景。

目前，主流的激光3D打印技术可分为激光熔覆（LMD）、选择性激光烧结（SLS）和选择性激光熔化（SLM）。其中SLM技术是目前最流行的金属3D打印技术，采用精细聚焦的激光光斑对金属粉末进行快速完全熔化，直接获得所需形状的零件，制作出来的零件致密度非常高，可以达到99%以上。SLS技术与SLM技术类似，主要区别在于所使用的材料是低熔点的高分子材料与金属的混合粉末。在加工的过程中，高分子材料由于熔点较低会发生熔化，金属粉末由于熔点较高不易发生熔化，当混合材料温度降低到结晶温度，被熔化的材料便实现了黏结成型，但是所制造的零件存在孔隙，力学性能差。LMD技术与SLM技术也基本类似，最大不同在于材料粉末不是预先放置好的，而是通过喷嘴聚集到制作平台上的。随着技术的不断革新，激光3D打印技术也越来越成熟，已经在很多制造领域中扮演重要的角色。

　　近年来，激光3D打印技术在航空航天领域得到了广泛的应用。激光3D打印可以直接打印出各种复杂的形状，实现不同零部件的高度集成，大大减少了零件的个数，且节省了传统加工所需要的焊接过程，使得零件的可靠性大大提升。美国宇航公司SpaceX在开发载人飞船Superdraco的过程中，利用激光3D打印技术制造了载人飞船的发动机部件。Superdraco飞船发动机的冷却通道、喷嘴和节流阀结构非常复杂，激光3D打印技术很好地解决了复杂结构的制造问题，高效、准确地制造出这些结构复杂的零件。激光3D打印制作的零件在强度、韧性等性能上都能满足各种严格要求，使Superdraco飞船即使在各种恶劣环境下也能正常工作。我国在3D打印技术方面的进展同样喜人，国产大飞机C919在设计和制造中就使用了最前沿的激光3D打印技术，飞机机翼的主要承重部件——机翼中央翼缘条就是由西工大铂力特公司通过3D打印制造的，测试结果表明其性能完全不输于锻造件。

　　3D打印技术也使得汽车工业智能制造水平不断提高。在汽车零部件的研发阶段，通常会设计多个不同结构的零部件用来进行测试，每一个零部件对应着一个模具，一旦制作的零部件不符合标准，就需要对零部件结构进行修改，然后对零部件模具进行修改，最后铸造打磨，从而获得新的测试零部件。整个过程要耗费大量的人力、物力以及财力。而激光3D打印技术的出现为汽车零部件制造提供了一种可供尝试的新途径。借助3D打印快速成型工艺，汽车零部件研发人员可以大大缩短产品设计和原型开发所需的时间，并且对设计方案进行快速修改。当零部件测试出现问题时，研发人员只需对计算机模型设计文件进行修改，并重新打印即可，这在一定程度上克服了传统汽车部件研发模式中因使用机床或者手工制造而造成的弊端。随着3D打印技术的不断推进，众多汽车零售商纷纷引入3D打印技术以改善汽车的研发生产过程。据了解，在过去十年里，宝马汽车公司已经生产出超过一百万个3D打印的零部件。2020年12月，宝马汽车公司对外宣布，宝马汽车公司正朝着工业3D打印流程的系统集成迈出下一步。大众汽车公司也不甘落后，希望能将这项新技术应用到主流量产车型的生产中。大众汽车公司已经在沃尔夫斯堡工厂开设新的零部件制造中心，该中心使用与惠普公司合作开发的"最先进一代3D打印机"打印汽车零部件。由此可见，众多汽车企业对3D打印技术都有着十分积极的态度。

　　3D打印技术在组织工程领域也获得了广泛关注，为组织工程的发展提供了新的思路，有望加快传统组织工程领域的智能制造转型。美国哥伦比亚大学的研究人员开发出了一种新的生物3D打印技术，在活体生物组织中构建三维结构，可用于严重烧伤和癌症等疾病的治疗。这种打印技术使用的打印材料是可固化生物相容水凝胶，通过3D打印将这些材料打印成各种复杂的组织图案，然后注入活细胞，最终生成活组织。据介绍，这种生物3D打印技术所使用的水凝胶结构具有良好的分辨率，能够支持95%的活细胞，通过该技术打印的人造组织比现有工艺制造的人造组织具有更高的分辨率。该生物3D打印技术将应用于癌症治疗研究，这种技术打印的组织结构适用于容纳和培养癌细胞，能够为癌细胞生长和生存提供更现实的环境，因此可以用作癌症研究和测试的生物模型，从而帮助人们更有效地研发治疗方法。

4.3
激光淬火与熔覆

激光淬火

淬火是将金属工件加热到某一适当温度并保持一段时间，然后浸入淬冷介质中快速冷却的金属热处理工艺。淬火可以让钢材表面形成具有高强度和高硬度的马氏体淬硬层，因而经过淬火可以提高钢铁的强度和硬度。传统淬火方式除了火焰淬火，还有感应淬火和渗碳淬火。感应淬火是利用电磁感应在工件内产生涡流而将工件进行加热。渗碳淬火是将工件置入具有活性渗碳介质中，加热到 $900 \sim 950\ ℃$ 后保温足够时间，直到使渗碳介质中分解出的活性碳原子渗入钢件表层，从而获得表层高碳。随着大功率激光器的问世，激光淬火技术得到了广泛的研究与应用，目前已经成为最成熟的激光表面改性技术之一。激光淬火主要是利用聚焦后的激光束扫描钢材表面，使得表面的温度很快达到淬火所需要的温度，再移开激光束，热量很快向钢材内部传导，表面得以快速冷却，进而在表面形成坚硬的马氏体淬硬层。与传统的火焰淬火、感应淬火、渗碳淬火等工艺相比，激光淬火有着许多应用的优势：

（1）激光淬火利用了激光高能量的特点，通过计算机可以精确地控制加热时间，一旦达到淬火所需温度，便立刻关闭激光器，直接利用钢材内部的热传导实现表面冷却，因而激光淬火不需要像传统淬火工艺那样使用冷却介质，是一种绿色快捷的淬火工艺，且仅在工作的关键部位进行局部加热，节能效果好。

（2）激光淬火所得到的淬硬层均匀，硬度比传统淬火高15%～20%，淬火的轨迹以及深度可以通过计算机精确控制，加工效率高，易于实现智能化和自动化。

（3）传统的淬火工艺通常需要使用相应的加热装置，如感应淬火中的感应线圈以及渗碳淬火中的炉膛。感应淬火需要根据工件的尺寸来设计对应的感应线圈，渗碳淬火中的炉膛也对工件的尺寸有着相应的要求，它们的灵活性都很差，激光淬火则不存在这些问题。

（4）激光淬火前后工件的热形变极小，因此淬火后无须再对工件进行机械加工，避免了机械损伤和机械变形，非常适合于高精度零件的加工。

目前，激光淬火已经在冶金行业、机械行业、汽车行业等领域大放异彩，并正逐步取代一些传统的淬火工艺。在机械行业，常常要对齿轮零件进行热处理，传统的齿轮渗碳工艺经常存在零件变形的问题，采用激光表面淬火可以解决这一问题。激光表面淬火采用普通中碳钢代替昂贵的合金渗碳钢，有效地降低了生产成本。更重要的是，激光淬火后齿轮的硬度、硬化层深度和抗腐蚀疲劳等性能比传统的齿轮渗碳工艺要好。在汽车领域，美国汽车公司在1974年就采用二氧化碳激光器进行激光淬火，先后建立了十多条激光热处理生产线，日加工零件3万件。中国也在积极开展激光淬火技术的研究和应用，相信激光淬火在未来制造业智能化转型中有着十分重要的应用价值。

激光熔覆

激光熔覆技术是一种新型的材料加工与表面改性技术，在近二十年得到了广泛的科学研究与应用开发。激光熔覆技术利用了激光高能量的特性，将需要的涂层材料放置在被熔覆基体表面，再利用聚焦后的激光进行照射，涂层材料和基体表面同时熔化，然后快速冷却凝固，在基体表面形成具有良好特性的涂层。与工业中常用的堆焊、热喷涂和等离子喷焊等相比，激光熔覆有着以下优点：

（1）传统的熔覆技术，如热喷涂技术得到的涂

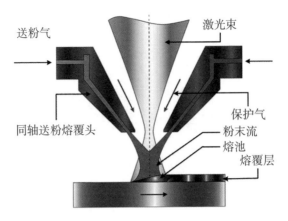

送粉气

激光束

同轴送粉熔覆头

保护气
粉末流
熔池
熔覆层

◆激光熔覆技术原理

层常常会存在剥落和开裂的情况，而激光熔覆实现了涂层与基底完全的冶金结合，结合强度极高。且激光熔覆得到的涂层致密，几乎没有孔隙，这是一般的等离子或热喷涂熔覆技术无法实现的。

（2）激光的功率、照射时间等各种指标都可以通过计算机精确控制，因此激光熔覆技术可以更好地控制涂层的厚度以及均匀程度。借助计算机的自动化控制，激光熔覆过程具有很好的稳定性和重复性，有利于实现流水线批量加工。

（3）激光熔覆实现了局部的加热，减少了能量的输入，降低了加工所带来的热变形，节省了后续的机械矫正步骤。

（4）激光熔覆工艺具有很好的材料兼容性，可以使用各种形式的材料，如丝状或粉状材料，这是传统熔覆工艺都不能实现的。

激光熔覆加工技术的应用领域非常广泛，覆盖了冶金、石油化工、汽车、船舶、航空、机床等机械制造行业。激光熔覆技术在实现机械制造业向智能化转型的过程中具有极其重要的作用。

在石油化工、电力等行业的生产过程中，机器通常在比较恶劣的环境中进行高强度、长时间的工作，这导致了机器内一些零部件出现腐蚀和磨损。经常出现问题的零部件包括阀门、泵、叶轮、轴瓦等，这些零部件十分昂贵且形状复杂，修复难度大，因此在激光熔覆技术出现以前，这些出现问题的零部件通常会进行报废处理，这在一定程度上造成了浪费且提高了成本。激光具有很好的灵活性，激光熔覆几乎可以对零件任何部位的缺陷进行精确修复，大大提高零件的二次利用率，减少了维修成本。

激光熔覆可以在低成本、低性能的基体表面制备高性能的熔覆层，从而提高零件的使用寿命，节约贵金属，降低材料成本。钛合金和铝合金在飞机制造中应用广泛，但钛合金和铝合金具有硬度低、耐磨性差等缺点，在一定程度上限制了其应用，激光熔覆技术的出现为解决这些问题提供了可靠的途径。激光熔覆在航空发动机燃气涡轮机制造中也具有重要的意义。燃气涡轮机燃烧室内的气体温度通常高达2000 ℃，

◆激光熔覆改善零件性能

高于现有高温合金的熔点。在高温合金部件表面制备耐高温的陶瓷热障涂层已经成为一个重要的手段，经过激光熔覆得到的陶瓷热障涂层致密均匀，能够满足燃气涡轮机的各种苛刻的要求。从20世纪80年代开始，欧美等国家就开始将激光熔覆应用于汽车制造领域，通过此技术来强化汽车零部件，达到了节约昂贵合金材料、降低生产成本的目的。

4.4
激光清洗与标刻

激光清洗

近年来，在国家大力推进向智能制造业转型的背景下，先进的激光清洗技术越来越受到重视。激光清洗的基本原理是高能量的激光束被污染层吸收形成急剧膨胀的等离子体，并产生冲击波使污染物变成碎片剥离，由此实现清洁。为了避免激光可能对物体本身带来损害，激光清洗中所使用的激光器一般都是短脉冲的。根据清洗方法的不同通常可以将激光清洗分为两大类：激光干式清洗与激光湿式清洗。干式清洗是借助激光对污染颗粒进行直接照射，通过热扩散、光分解、汽化等使微粒离开表面。湿式清洗则需要预先在物体表面喷上一层无污染的液体，液体吸收激光能量汽化，从而将污染颗粒从物体表面推开。与传统的化学清洗、机械摩擦清洗、高频率超声波清洗等清洗方法相比，激光清洗具有以下的优点：

（1）传统清洗方法中经常会用到清洁剂，清洁剂会对环境产生污染，而激光清洗则无须使用，因此激光清洗是一种绿色的清洗方法，且清洗后的污染物都是固体颗粒，很容易进行二次回收利用。

（2）激光清洗是一种无接触的清洗方式，避免了传统的接触式清洗对物体表面的二次损伤，也避免了清洁剂对物体表面的二次污染。

（3）激光照射的角度以及光斑的大小都可以灵活地进行控制，因此即使是一些藏污纳垢的死角，使用激光也可以清洗得很干净，这是传统清洗方法所不能比拟的。

（4）激光可以通过光纤传输，将激光加工设备与机器人或者机械手配合，可以实现远程操作，这在一些危险的地方使用可以确保工作人员的安全，也能长期稳定使用，运营成本低。

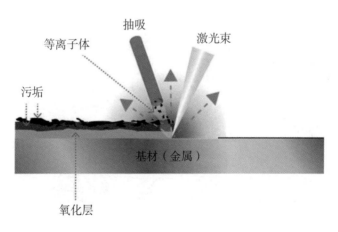

◆激光清洗原理

随着激光器性能的不断提高以及对激光清洗机理研究的不断深入，激光清洗的质量和效率不断提高，激光清洗机的价格也持续下降。目前，激光清洗技术已能实现包括钢、铝合金、玻璃以及复合材料等不同基材表面的清洗，应用行业广泛，还涉及了一些高端领域，如航空航天、航海设备、高速铁路、汽车、模具、核电等。

近几年，利用高能激光进行锈蚀去除的激光除锈技术引起了各行业的广泛关注，其本质也是一种激光清洗技术。激光除锈的原理是当激光照射在零件生锈部位时，铁锈会瞬间升温蒸发形成等离子体，与零件表面分离。底层金属对激光具有很高的反射率，因此即使暴露在激光下也不会损坏，所以利用激光除

◆激光清洗金属表面

锈是有效并且安全的。利用激光甚至可以完美地清洁诸如螺母和螺栓之类零部件的死角，轻松实现"光达锈除"。

激光标刻

除了清洗，激光还可以在物体上留下美丽的"印记"，这就是激光标刻技术。激光标刻的基本原理是利用高能量密度激光对工件进行局部照射，使表面材料汽化或产生变色的化学反应，从而留下永久标记。与腐蚀、电火花加工、机械雕刻和印刷等传统加工方法相比，激光标刻技术具有无可比拟的优势：

（1）激光标刻具有非接触加工的特点，可以在任何特殊形状的表面上标刻，工件不变形，保证了工件的原始精度，且无污染源，清洁环保。

（2）激光标刻的兼容性好，可以对多种材料进行标刻，且加工方法灵活。激光标刻系统与计算机数控技术相结合，通过软件设计可以方便地改变标刻内容，实现高度的自动化和智能化，非常适合高效率、快节奏的现代生产要求。

（3）激光标刻具有很好的精度，刻线可以达到毫米甚至微米量级。激光标刻技术制作的商标很难复制和更改，因此激光标刻在产品防伪中起着重要的作用。

激光标刻技术是激光智能加工最大的应用领域之一，目前已广泛应用于电子元器件、集成电路、电器、移动通信、五金、精密设备、珠宝、汽车配件等领域。

激光标刻最常见的应用就是在各类金属材料上进行打标。在许多金属制品和零部件上，往往都需要做一些信息的标记，从简单的数字线条到结构复杂的图形，只要能够在图纸上画出来，就可以通过激光标刻设备标刻在金属表面。在一些金属手机以及电脑的外壳上，就经常能见到通过激光标刻的精美图案。激光标刻让各类金属产品有了自己的身份信息与时尚印记。

近年来，食品安全问题越来越引起人们的重视，媒体曝光了部分不良商家通过修改包装上的生产日期继续销售已经过期的食品，严重侵害了消费者的权益。利用激光标刻生产日期有望从源头遏制食品包装上的"日期游戏"。利用激光对食品包装进行标记，不仅快速明显，且标记信息很难被擦除，有效杜绝了标识信息的人为篡改，为食品安全添加了又一层保障。如今越来越多的食品生产商开始在包装上采用激光标刻技术来替代传统的油墨喷码。

激光标刻在印刷电路板行业的应用也十分广泛。

随着电子行业智能化的发展，各类电子产品都向着小型化发展，印刷电路板作为电子工业的重要部件之一，其生产也必须精益求精。为了更好地对印刷电路板的生产质量进行管控，业内的普遍做法就是在印刷电路板上标记字符或二维码等信息，以便日后进行追溯。传统喷码标识技术因为耐磨性差、精密度低和污染环境等问题，已经不能适应新的市场需求。激光标刻技术因其标识精度高，防伪性强，无耗材，无污染等特点越来越受到印刷电路板行业的青睐。目前，应用激光标刻技术已经成为印刷电路板行业的一种趋势，激光打标机将为印刷电路板的智能制造带来强大的动力。

在微加工制造领域，光刻技术大显身手。我们熟知的集成电路是在数平方厘米的面积内成批生产数亿个器件，每个器件的结构都相当复杂。这种规模相当于在一根头发丝的横截面积上制造数千万个晶体管。光刻技术利用激光照射掩膜板，从掩膜板中透射出来的光线就携带其图形信息。透射光照射在旋涂感光材料（光刻胶）的硅片基板上，会使光刻胶的性质发生改变，这一过程叫作曝光。将曝光后的光刻胶用碱性或酸性溶液洗去，这一过程叫作显影。通过曝光和显影，光刻胶上就形成和掩膜板一样的图形分布，再经过后续刻蚀等工艺将光刻胶的图形转移到硅晶片上，就形成集成电路芯片。要提高芯片的性能，就要提高光刻分辨率，在单位面积内尽可能多地刻出晶体管图形。这就要求使用的光源波长要短，目前最先进的光刻技术采用的是极紫外光源，波长为13.5 nm。

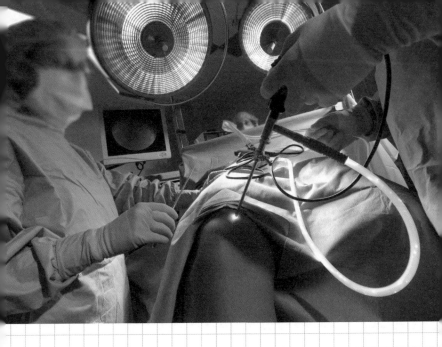

第五章　激光医疗与生物技术

随着激光技术的飞速发展，激光医学应运而生，它是激光技术与医学相结合的一门新兴交叉学科，其内容包括利用激光技术进行疾病的研究、诊断、预防和治疗。目前激光已应用于内科、外科、妇产科、眼科、耳鼻咽喉科、口腔科、皮肤科、肿瘤科等临床科学。智能激光3D打印和人工智能等新技术也不断为激光医疗注入新的活力。激光医疗不仅为生命科学和疾病的研究发展开辟了一条新的途径，也为疾病的临床诊断和治疗提供了一种新的方法。

5.1
激光手术刀的神秘面纱

　　传统的外科手术中，护士们要在医生给病人动手术时，利用一大堆止血器械、脱脂棉和纱布等进行止血，保证手术的顺利进行。很多时候为了避免病人失血过多带来的副作用，需要给病人边输血边进行手术。现在，很多外科手术开始使用激光手术刀，实现无血手术。不仅如此，激光手术刀还可替代传统的伤口缝合和封闭技术，修复断裂组织，实现无线缝合。激光手术刀为什么能实现无血手术和无线缝合呢？让我们一起来揭开它的神秘面纱。

"切割"未必要流血

　　高亮度、高能量的激光在透镜的控制下可以会聚成一束头发丝粗细的光束，使其功率密度在0.01 s内达到很高的值。在高温高压下，病理组织凝固、分解，甚至熔化、汽化。同时，手术过程中激光的高温可以使被切断的小血管凝固、封闭，这样可以大大减少出血，甚至不出血，实现无血"切割"，从而减少病人的痛苦。因此，激光手术刀实际上是用激光代替普通手术刀进行外科手术。激光手术刀所到之处，不管是皮肤、肌肉，还是骨头，都会迎"刃"而解。它改善了外科手术器械的落后状况，大大提高了手术质量。

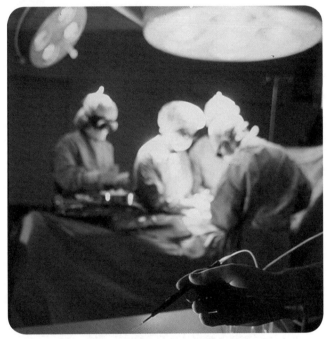

◆激光手术刀

借助手术显微镜、光纤和检眼镜等专业内窥镜，可以将激光束导入体内，使组织凝固、汽化，或对组织进行切割，达到止血或清除赘生物、粉碎结石、打通血管栓等治疗目的，能够免除患者开胸剖腹之苦。

激光还可以借助光纤来治疗腰椎间盘突出等常见骨科疾病。近年来，腰椎间盘突出的发病率越来越高，也越来越年轻化。得了腰椎间盘突出的病人像是有根刺时刻扎在脊柱中，在日常走动时疼痛难忍，由此引发的并发症更是让病人苦不堪言。激光腰椎间盘减压术是利用光纤将激光传输到腰椎间盘之间，汽化髓核组织，降低腰椎间盘内的压力，减轻对神经根的压迫。由于光纤很细，可以自由旋转并将激光传输到机械设备无法到达的死角，从而切除更多的髓核组织。与机械腰椎间盘减压术相比，它具有髓核摘除多、减压效果好、术中无出血、所需时间短、疼痛程度轻、恢复快等优点。

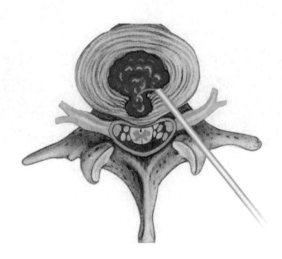

◆激光腰椎间盘减压术

组织的无线"焊接"

科学家发现，当激光照射人体组织时，组织会迅速受热并凝固。如果激光照射在断裂的血管壁上，血管壁会凝结，进而被"焊接"。激光刀焊接人体组织的基本原理是利用激光与人体组织相互作用的热效应，使组织细胞形成"生物胶"来修复软组织。人体组织细胞富含水、蛋白质、碳水化合物和脂肪，在激光的照射下，细胞膜被激光加热后破裂，使细胞内物质溢出，形成蛋白胶。这种蛋白质溶液在加热后凝结，就像鸡蛋的蛋清在加热后变性而凝固成为蛋白一样。这种黏合效应可用于人体组织的焊接，焊接温度约为70 ℃，低于激光"切割"组织的温度。

传统的外科血管吻合术采用缝线吻合，这对外科医生的水平要求很高，血管很难完美缝合。随着激光治疗心血管疾病的发展，激光血管吻合术解决了这一难题。小功率激光器所发射的激光比头发丝还细，非常适合用在需要精细治疗的显微外科手术中。人们用低能量激光将血管组织融合在一起，先将被吻合的血管的断端对齐，再将激光引导器对准断端接口，并来回移动对接口进行"焊接"，直至血管吻合。由于激光能量小，不会引起深部组织发热，而是被厚度不超过100 μm的血层完全吸收，非常适合吻合直径小于2 mm的小血管，甚至直径为0.3 mm的小血管也能顺利"焊接"。如此细小的血管，肉眼几乎看不见，如果用针线进行缝合是非常困难的。激光吻合血管，省时省力，而且管壁内膜光滑，与针线缝合相比，激光吻合具有无可比拟的优点。

　　肝脏区域血管丰富，手术治疗中大出血一直是传统医学的难题。利用激光照射瞬时的热效应，将100 W的连续激光用透镜聚焦，可以在0.1 s内达到1000 ℃的高温，血管刚好达到熔融状态而未汽化，因此激光可取代传统的外科缝合手术对血管进行"焊接"，这种方式具有不易发炎和术后快速恢复的优点。美国医学专家在激光焊接的基础上成功地创造了激光愈合技术，从生物体中提取并加工了一种新型的"弹性蛋白"止血材料。在手术过程中，使用便携式红外激光照射弹性蛋白融入伤口或手术切口的皮肤组织中，患处便可迅速止血愈合。

　　由于用激光刀做手术的成功率越来越高，这使得激光逐渐有了"医生的第二把手术刀"的称号。现在，几乎所有用普通手术刀做的手术都可以用激光手术刀来做。医生可以根据手术的需要选择更合适的方法。激光手术刀可以完成普通手术刀无法完成的手术，而且速度快，效果好，最广为人知的莫过于矫视手术、激光美容、靶向治疗癌症等。

5.2
激光擦亮心灵之窗

矫视手术之"飞秒"必争

据统计，2020年我国大学生近视总体发生率超40%，佩戴眼镜一直是近视患者的首选，但戴眼镜时间长了会产生疲劳感，而且影响美观。激光矫视手术治疗近视可一步到位，让近视患者彻底摆脱近视的困扰，因此激光矫视手术自诞生之日起，便成为时尚人物的宠儿。

准分子激光手术是目前最流行的激光矫正手术。准分子激光是一种将惰性气体与卤素混合后，经电子束激发产生的肉眼看不到的超紫外冷激光。它的波长很短，只有193 nm，这种高能光子束可以分解细胞间的分子链。准分子激光手术可以将角膜细胞汽化，通过精准切割角膜组织来改变其屈光力，从而达到矫正屈光不正的目的。准分子激光手术的步骤：首先，利用微型角膜刀在角膜处切一个微型圆弧即角膜瓣，将其掀开后下面是角膜基质；然后，对角膜基质用准分子激光进行"打薄"，每个激光脉冲只会切削厚度为0.25 μm的角膜基质，十分精确地将角膜厚度减小

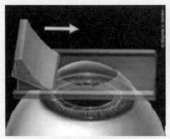

第一步：微型角膜刀切割角膜

第二步：角膜瓣形成并翻转

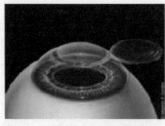

第三步：角膜中间基质切削区准备

第四步：准分子激光切削角膜基质

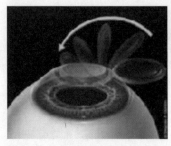

第五步：角膜瓣复位

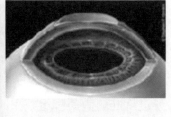

第六步：准分子激光角膜复位磨镶术完成

◆准分子激光角膜复位磨镶术步骤

到理想值；最后，将掀起的角膜瓣覆盖回去，完成准分子激光手术。准分子激光手术已经开展了30多年，非常安全，不需要开刀，手术主要在角膜上进行。局部麻醉使患者在治疗过程中没有疼痛，手术后眼睛可立即睁开，视力可在数小时内恢复。准分子激光手术是激光矫正手术走向成熟的起点，一经推出，就在美国、德国和其他欧美国家流行起来。1989年，超过500万人接受了准分子矫正手术。在此基础上，飞秒激光技术在临床的推广，使激光矫正手术又迈上了一个新的台阶。

飞秒激光近视矫正手术也是准分子激光矫视手术的一种，但是飞秒激光术在切开角膜瓣时，不需要使用微型角膜刀。如下页图所示，利用脉冲超短、功率超强的飞秒激光对角膜表层进行切割，产生微型圆弧状的角膜瓣，将其掀开后再利用准分子激光切削基质层，然后将角膜瓣复位。与微型角膜刀的切割方法相比，飞秒激光更精准、更安全、更均匀。飞秒激光术全程使用激光，可精确控制角膜瓣的厚度，确保切削面光滑，保证术后完美的视觉质量，真正实现了"全程无刀手术"。

飞秒激光的脉冲时间非常短。所谓飞秒，就是1s的千万亿分之一，即10^{-15} s。飞秒激光是一种以脉冲形式工作的激光，每个脉冲的持续时间只有几飞秒，比用电子学方法获得的最短脉冲短了数千倍。飞秒激

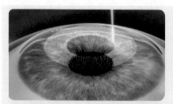

第一步：飞秒激光制作角膜瓣

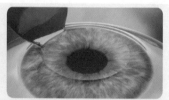

第二步：掀开角膜瓣

第三步：准分子激光扫描切削

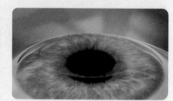

第四步：贴合角膜瓣

◆飞秒激光近视矫正手术步骤

光的瞬时功率非常高，可以达到百万亿瓦。飞秒激光聚焦后的尺寸非常小，比头发丝的直径还小。由于飞秒激光具有脉冲短、瞬时功率大、聚焦面积小的优点，科学家预测飞秒激光将在21世纪新能源的生产中发挥重要作用。

拨开"屏障"见天日

白内障是眼球晶状体发生浑浊变性，导致视力下降的一种疾病，多见于老年人。一般来说，50至60岁的老人发病率在50%以上，80岁以上的老人发病率在90%左右。但是，很多老人患上白内障后害怕在眼睛上"动刀子"，致使白内障病情不断加重，这既不利于视力恢复，也降低了晚年的生活质量。

飞秒激光白内障手术的出现消除了老人们的恐惧感，它又被称为"智能手术""无刀手术"。采用飞秒激光治疗白内障全程靠计算机数字化引导，可实现精准定位，缩短手术时间。飞秒激光在形成切口时能将大小精确到微米，对角膜内皮等邻近组织的损伤也降到最低。飞秒激光白内障手术的原理是利用超强、超快的飞秒激光在前囊膜上切割一个大小合适的圆孔，并把晶状体核切割成几块，然后用超声波把已经变形的晶状体核块震碎，之后将混浊变性的物质吸出，最后植入人工晶体。若存在远视、高度近视、散光等眼病则可以植入带有屈光矫正度数的人工晶体，达到一举两得的效果，使老年人获得更清晰的视觉体验，也提高了其晚年的生活质量。

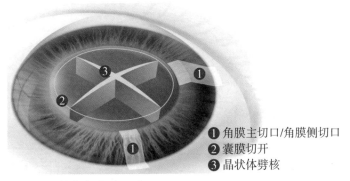

❶角膜主切口/角膜侧切口
❷囊膜切开
❸晶状体劈核

◆飞秒激光白内障手术

5.3
激光皮肤美容

随着生活的不断改善，高科技美容已经成为现代人追逐的潮流。对大多数人来说，美容就是锦上添花，通过选择合适的化妆品和护肤品，尽量保持年轻的容貌，这属于生活美容的范畴；对另一些人来说，去除面部或身体上的病态瑕疵，让自己对生活更有自信，这属于医疗美容的范畴。在医疗美容中激光美容具有不可替代的作用。

皮肤除皱

随着年龄的不断增长，人体皮肤开始老化，脸上开始出现岁月的痕迹，逐渐布满皱纹。人体皮肤由表及里可以分为表皮层、真皮层和皮下组织，皮肤的老化是由于表皮和真皮交界处的"乳突状真皮"由原本的波浪状逐渐变得平坦，表皮处的棘状细胞由多层变得只剩两三层，从而失去了收缩力，慢慢形成皱纹。虽说岁月催人老，但人们依旧想要保持自己的青春容颜，因此脸部去皱美容手术在医疗美容市场中的需求量越来越大，并成为医学界的新宠儿。用较低能量的激光来回照射可以去除老化的皮肤，并刺激表皮细胞中的底层细胞生长，整个过程几乎不对周围组织造成影响，因而很受用户的青睐。

皮肤除皱的原理是利用高重复脉冲射频激励的CO_2激光照射皮肤，将能量传递给皮肤组织并使其吸收。被加热的皮肤组织中的水分被迅速加热和蒸发从而迅速膨胀，产生的强大压力会破坏分子间的化学键，使单个分子或小分子团脱离组织，起到磨削皮肤表层组织的作用。经过激光照射的皮肤，在表面组织被磨削后生长出新的胶原纤维细胞，从而达到除皱换肤的效果。因为磨削深度很小，只有几微米，所以对深层组织没有损伤，也不会留下疤痕。

祛除色素

色斑种类繁多，产生的原因也各不相同。紫外线照射、精神压力、遗传因素、孕期激素变化、年龄增长等都可能导致色斑的出现。由于色素异常沉着在皮肤表面，特别是外露部位，会影响形象。皮肤色素沉着可分为三种类型：先天性遗传、色素沉着和外来入侵。常见的色斑有太田痣、雀斑等。

人们常说的青胎记，专业术语叫作太田痣，因日本医生太田在1939年首先发现而得名。青胎记面积较大，对人们的相貌产生很大影响。利用激光治疗青胎记，疗效确切、效果明显，极大地提高了患者的自信。根据激光的选择性光热效应理论，不同波长的激光可以选择性地作用在不同颜色的皮肤上，因而选择特定波长的高强度激光，可以将瞬间产生的辐射能量集中作用在颜色较深的青胎记色素组织颗粒上并使其汽化、击碎后通过淋巴组织排出体外，从而轻松去除或减淡青胎记。不仅如此，激光操作起来方便精确，成功率非常高，不会留下疤痕，对正常皮肤也不会产生影响。

雀斑的明显特征为面部出现黄褐色斑点，并且会随年龄增长逐渐增多，青春期时达到高峰，更年期后会逐渐减轻。采用调Q激光治疗雀斑是目前的最优选择，一般一至两次治疗后雀斑便能完全去除，并且复发率低。调Q激光治疗雀斑的原理是皮下色素斑点会吸收瞬间产生的高能量激光，当吸收一定能量的特定波长的激光后，色素斑点团便会自行分解液化，分解为细小颗粒状的粒子被细胞吞噬，并随人体自然代谢排出体外，从而达到祛除雀斑的目的。

随着年轻人不断追求时尚与个性化，文身成为一种潮流。但由于各种原因，有些人想把文身去除，这便需要利用激光把文身洗掉。利用激光的选择性光热原理和色泽互补原理，根据文身的颜色选择对应波长的激光去除文身色素。Q开关激光照射的瞬间高能量会被皮肤表层的文身色素颗粒吸收，使得色素颗粒细胞发生汽化并破裂，但细胞膜可以被完整地保留下来。由于激光脉冲时间比皮肤组织的热弛豫时间短，瞬间单脉冲能量释放仅需要 10^{-6} s便可完成，以至于新产生的热量来不及传输到周围表皮细胞便已消散，而文身却已被高能量清除。由于波长越长的激光可作用的组织深度越深，所以较长的波长可去除处于更深一些的真皮组织中的文身色素颗粒，而对皮肤表层组织影响很小。相较于其他方式，激光洗文身安全性更高，效果更好。

从医学保健角度看，文身是一种有害健康的行为。皮肤是人体的第一道防线，能保护我们的身体不受外界病菌和各种化学性刺激的伤害。文身会破坏这道防线，因此不要轻易尝试。

光子嫩肤

光子嫩肤从21世纪初发展至今，在医疗美容行业中大受欢迎。它的发明源自美国一位著名的皮肤治疗师在给病人反复地进行脱毛治疗时，发现脱毛区域的皮肤更加光滑细腻，脱毛治疗具有嫩肤的效果，因此他进行了大量研究。最后，他发现用脉冲激光照射老化皮肤5次后，皮肤结构发生明显变化，皮肤弹性增强、色素斑消失、细小皱纹消退，皮肤更加柔嫩光滑，看上去年轻漂亮很多。这项技术一经应用，立即获得好莱坞影星的青睐。不久后这项新技术就传到中国。

光子嫩肤技术是利用脉冲高能量激光照射皮肤表面，温度高到一定程度后使病变血管封闭，从而使得色素破裂分解，消除和减淡皮肤出现的各种色素斑，增强皮肤弹性，也能消除细纹，改善面部毛细血管扩张等问题，甚至还能改善发黄的肤色等。因此光子嫩肤备受广大女士的欢迎，迅速在全亚洲掀起了一场时尚美容浪潮。

5.4
抗击癌症与冠心病的利器

"认癌为亲"的光敏剂

癌症严重危害着人类的健康。2020年12月，总部位于法国里昂的癌症研究机构表示，目前，全球每五个人中就有一人会在一生之中罹患癌症，每八名男性和每十一名女性之中，就有一人会因癌症去世。及早发现恶性肿瘤并进行有效的治疗可大大减缓癌细胞的扩散。目前常用的治疗方法有手术法、化学疗法、放射治疗等，这些治疗方法虽然可以有效杀死癌细胞，但对正常组织细胞也会造成不同程度的损伤，进而对某些器官产生无法弥补的伤害，给病人带来极大的痛苦。

光动力疗法是21世纪以来人们从一个新的领域尝试预防、诊断和治疗癌症的新方法，是一种应用于浅表肿瘤临床治疗的非手术替代疗法。在获得世界卫生组织的批准后，光动力疗法逐渐成为肿瘤临床治疗的常用替代疗法。

光动力疗法又叫作靶向治疗。在肿瘤治疗中，肿瘤组织混合在正常组织中，就像一桶米里搀了沙子一

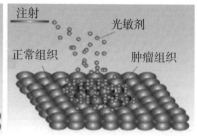

正常组织　　　肿瘤组织　　　　　注射　　　　　光敏剂

正常组织　　　　肿瘤组织

◆ 靶向治疗

样，想要从中筛选出来并杀死癌细胞且对正常组织不产生影响是很困难的。激光靶向治疗利用光敏剂来筛选癌细胞。光敏剂与癌细胞的亲和力比与正常细胞要强得多，因此可以定位在癌变的靶组织当中。用特定波长的激光照射病变部位，使光敏剂接受激光的能量后变成激发态而发生光化学反应，将能量释放给活性氧分子和自由基等其他活性物质，引起肿瘤细胞凋亡或坏死，从而清除光敏剂所定位的病变区，达到靶向治疗的目的。整个靶向治疗过程对正常组织影响非常小。

　　更重要的是，靶向治疗不像手术一样直接切除肿瘤，它是一种源内灭活，像一个鸡蛋煮熟了不会再孵出小鸡，但是抗原性还保留着，可以使得在循环当中的免疫细胞能够识别出肿瘤细胞并产生全身性的抗肿瘤免疫效应。也就是说，可以通过局部治疗实现全身的抗肿瘤免疫效应。人体中各个部位的肿瘤都可以采用靶向治疗方法，既可以治疗体表，也可以通过内窥镜进入身体的内部，治疗肺癌、食管癌、膀胱癌等。

总之，光动力疗法的特点是使用"认癌为亲"的光敏剂实现精准靶向治疗，对身体损伤很小。与化疗不同，光动力疗法不使用化学药物，而是激活组织里的氧，所以不会产生代谢毒，副作用会小得多，治愈率却可以与放疗和化疗相媲美。

激光心肌打孔

冠心病是由心肌缺血、缺氧引起的最常见的心血管疾病之一。缺血的主要原因是由于血管硬化导致血管狭窄或阻塞，血流不畅，容易产生心绞痛、心肌硬化、心肌梗死等病症。在西方发达国家，冠心病的死亡率已超过所有癌症死亡率的总和，成为人口死亡的主要原因。据统计，心血管疾病死亡率在中国疾病死亡率中排名第一，其中冠心病占相当大的比例。冠心病患病与人们的饮食习惯密切相关，如何有效治疗冠心病使得病人的心肌供血通畅是医生关注的重中之重。

冠心病主要有三种治疗方法，即药物治疗、介入治疗和外科搭桥手术。20世纪80年代出现一项新的高新技术——激光心肌血运重建术，俗称"心肌激

113

光打孔术"。利用激光在缺血心肌区打数个贯穿整个心室壁的微孔,将心脏内富氧的血液导入缺血心肌,可以改善心肌缺血,实现治疗和预防冠心病的目的。世界卫生组织在全世界100多个国家观察了8000余病例,验证了心肌激光打孔术能明显缓解心绞痛,可作为冠心病的辅助治疗方法。

说来十分有趣,科学家是从蛇等爬行类动物的心肌结构中获得灵感,从而发明了心肌激光打孔术。早在1933年,科学家就发现这些动物的心外膜冠状动脉系统发育不全,它们的心肌血供不像人类那样来自冠状动脉系统,而是由于它们的心肌呈海绵状,大量的管状腔隙及窦状隙与心腔是相通的,左心室腔内的氧饱和血液通过心肌内的腔隙直接注入心肌。1965年,医生模拟动物腔隙与心腔相通,尝试用针头刺穿心肌产生心肌内孔道,达到心肌血循环重建的目的。1980年以后,采用激光打孔法进行心肌血运重建得到应用。

5.5
激光生物技术

　　激光技术不断推动着生命科学的发展，从而衍生出激光生物技术。在动物研究方面，获得2018年诺贝尔物理学奖的光镊技术利用激光实现对单细胞的捕获与操控，带领我们窥探动物运动的本质；在植物培育方面，激光诱变育种利用激光辐照植物以研究它们在生长发育中产生的变化，从而培育出新的优良品种。

获得诺贝尔奖的微观"牵引束"

　　看过《星际旅行》的人可能听过"牵引束"，即一束肉眼无法识别的辐射，可以在不造成损伤的情况下钩住、移动或者捕捉完整的宇宙飞船。现在，随着激光技术的发展，"牵引束"已经成为现实，这就是光镊技术。虽然这种"牵引束"并没有征服宇宙飞船的强大力量，但它在微观世界发挥了巨大的作用。光镊是用高度会聚的激光束形成的三维势阱来俘获、操纵和控制微小颗粒的一项技术。由于它像传统机械镊子一样可以固定和操控微小物体，我们称之为光镊。与机械镊子不同的是，光镊可以以非接触方式捕获和固定微生物和微粒子，不易造成损伤。

1970年，阿瑟·阿什金设计了一个名为"光学瓶"的实验，他用两束弱聚焦光束以相反的方向传播，成功捕获到了直径为1 μm左右的硅胶小球，验证了利用光辐射压力能够捕获微米量级的粒子。之后，他便一鼓作气，设计了多种装置来捕获多种不同粒子，均获得成功。1986年他成功创建了只用单束激光便可以操控空间粒子的装置，该装置不需要其他辅助设施，被后人称为"单光束梯度力光阱"，也就是光镊。发明光镊后，阿什金首先将光镊应用于生命科学领域，促进了显微活体的研究发展。他利用光镊操控微米量级的烟草花叶病毒使其向光学中心聚拢，并发现这些病毒仍然可以存活数天，从此开启了利用光镊研究活体细胞的大门。

光镊的发展和应用突飞猛进，在生命科学领域贡献巨大。光镊发明后首次应用于细胞操作领域，这是细胞研究中最基础、最关键的环节。由于活细胞需要在一个可生存的环境中操控，它们通常被放置在培养容器的底部或悬浮在培养液中。光镊可以使细胞悬浮在液体中的指定位置，在不扰动生存环境的情况下研究细胞的活性。在生物工程技术中，研究人员已通过光镊固定单个细胞或细胞器，在保持活性的情况下成功观察其形态、运动周期、生殖、分裂、融合等动态生命过程。如图所示，将980 nm的激光通入锥形光纤探针，捕获上转换纳米颗粒和大肠杆菌细胞，被捕获的上转换纳米颗粒通过980 nm激光的激发而发光，可以实现对单个大肠杆菌的荧光标记。该方法可用于对群体中单个致病菌的靶向标记、选择性提取以及生化分析。

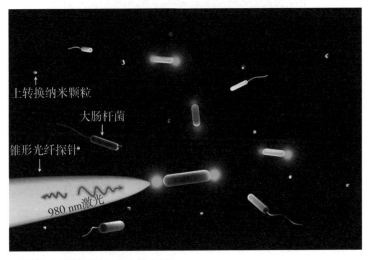

◆用激光操控微流体中的细胞

阿什金发明的光镊用激光束操纵颗粒、原子和分子等微观粒子，使得病毒、细菌和其他活细胞也可以在实验操作中保持其生命力而不被损坏，利用锥形光纤探针出射光产生的光梯度力，将有益的酵母细胞和乳酸杆菌组装成活的纳米光学探针，检测血液中白血病细胞表面的荧光蛋白分子，在分子水平上探索白血病的发病机理。光镊的发明为观察和控制生命体创造了全新的机会，加速了研究生物结构和运动的进程。

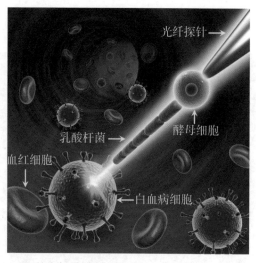

◆用激光检测白血病细胞

激光诱变育种

几千年来，人类一直在努力提高粮食的产量和质量，并发明了各种方法，如使用化肥、农药等来改善农作物的外部生长条件。但这些方法的效果不仅有限，过度使用还会损害人们的健康，因此科学家们更加重视培育高产优质的新品种。20世纪60年代以来，激光、中子、电子束、离子束等作为新的物理诱变剂被广泛应用于植物诱变育种。其中，激光诱变育种在我国发展最快。

激光诱变育种是利用激光辐射对生物体的作用，使染色体和遗传分子的结构发生突变，从而导致特性和性状的变异，使我们能够专门选择和培育出抗病性强、籽粒饱满、营养丰富的优良作物品种。激光诱变育种是激光技术在生物工程中应用最早、最广泛，成果最显著的一个领域。它以激光作为诱变因素来选育新品种，利用激光对选定的诱变部位精准射击，保证每个样品充分保留生命力，提高诱变育种的效果。此外，它还可以聚焦成微束激光作"细胞手术刀"，这将有助于遗传育种学科开展更加深入的研究。

中国的激光诱变育种始于1972年。通过激光诱变选育出的品种产量高、品质好、适应性广、抗病性强，在生产上应用迅速。例如，西北植物研究所利用红宝石激光照射小麦远缘杂交材料，生产出高产、优质、耐干热的小麦新品种——"小偃6号"。该品种已成为我国北方冬小麦的主要品种，累计推广面积达 $3.6 \times 10^6 \ km^2$，小麦育种专家李振声也因此获得了国家科技发明一等奖。湖南师范大学采用激光诱变育种技术与多倍体育种技术相结合的方法，成功选育出三倍体无籽西瓜和四倍体矮脚白菜。四川省农科院蚕桑研究所利用N_2激光处理杂交组合，培育出"激7681"桑树新品种，在四川等10个省份种植桑树5000多万株。这些品种的选育不仅促进了农业生产和科技进步，也显示了激光技术在植物育种领域的广阔应用前景。